高职高专新课程体系规划教材·
计算机系列

程序设计基础

（Java版）

主　编◎陈翠娥　王　涛　邱春荣

清华大学出版社
北京

内 容 简 介

《程序设计基础（Java 版）》从初学者的角度，通过分析问题获得解题思路、使用流程图描述算法，再将流程图转换为程序代码的过程，详细讲解了程序设计的步骤和方法。本书以项目案例为主导，通过实践与理论相结合的方法，将知识点的学习贯穿于实践的始末。本书结合笔者多年的开发和教学经验，循序渐进地带领读者走进程序设计的大门。

全书共分为 8 章，包含程序流程图、顺序结构、选择结构、循环结构、数组、函数、对技能题库的分析与解答及面向对象的初步知识。

本书的配套资源包括 PPT 课件、书中案例的源文件及习题/自测题答案。教学微视频将和本书同时面世。

本书既可作为应用型本科院校、高职高专计算机相关专业的程序设计课程教材，也可以作为程序设计初学者和广大计算机编程初学者的入门级读物。

图书在版编目（CIP）数据

程序设计基础：Java 版 / 陈翠娥，王涛，邱春荣主编. — 北京：清华大学出版社，2019（2023.8 重印）
（高职高专新课程体系规划教材·计算机系列）
ISBN 978-7-302-53493-8

Ⅰ.①程⋯ Ⅱ.①陈⋯ ②王⋯ ③邱⋯ Ⅲ.①JAVA 语言－程序设计－高等职业教育－教材 Ⅳ.①TP312.8

中国版本图书馆 CIP 数据核字（2019）第 179551 号

责任编辑：邓　艳
封面设计：刘　超
版式设计：王　郑
责任校对：孙　建
责任印制：宋　林

出版发行：清华大学出版社
　　网　　　址：http://www.tup.com.cn
　　地　　　址：北京清华大学学研大厦 A 座　　　　邮　　编：100084
　　社　总　机：010-83470000　　　　　　　　　　邮　　购：010-62786544
　　投稿与读者服务：010-62776969，c-service@tup.tsinghua.edu.cn
　　质量反馈：010-62772015，zhiliang@tup.tsinghua.edu.cn
印　装　者：北京国马印刷厂
经　　销：全国新华书店
开　　本：185mm×260mm　　印　　张：17.75　　字　　数：458 千字
版　　次：2019 年 9 月第 1 版　　　　　　　　印　　次：2023 年 8 月第 5 次印刷
定　　价：59.00 元

产品编号：084229-01

前　言

Preface

本书按照以应用为目的的原则编写。作为一门技术的入门教程，最重要和最难的是将复杂的和难以理解的问题简单化。本书以项目案例为导向，将知识点进行串联，在完成案例的同时掌握了知识点，大大简化了学习过程。

本书旨在培养学生的编程思维。程序设计非常灵活，思维逻辑非常重要，这不是靠死记硬背能学得会的。

本书的主要特点如下。

1. 零基础入门

读者即使没有程序设计的相关基础，跟随本书也可以学会如何使用结构化程序设计的方法来解决实际问题，并掌握程序设计各个阶段的相关技能。

2. 学习成本低

本书在构建开发环境方面对操作系统没有特殊的要求，编写 Java 源代码可以使用文本编辑器和开源的 Eclipse 软件来完成，对硬件没有特别的要求。

3. 内容精心设计编排

本书内容浅显易懂，配有大量的编程案例，这些案例大部分来自最新技能抽查题库，由浅入深地呈现，实用性强。

4. 养成良好的编程习惯

从入门就培养学生养成良好的编程习惯，例如，勤写注释，输入/输出时添加人性化的提示，遵守标识符命名约定（采用帕斯卡命名法和骆驼命名法，做到见名思义），遵守代码编写格式的约定（如，被嵌套部分低格书写，运算符左右各空一格），等等。

5. 资源丰富

为了方便读者学习，本书提供所有实例的解题思路、程序流程图和 Java 源代码，以及其他学习资源。Java 源代码可以在学习过程中直接使用。

本书的内容

本书的主要内容见下表。

章　节	主　要　内　容
第 1 章	程序设计语言的发展、算法的描述、程序流程图的画法，以及如何将流程图转换为程序代码

续表

章　节	主　要　内　容
第 2 章	变量、常量、数据类型、算术和赋值等运算符，以及顺序结构程序设计
第 3 章	关系和逻辑运算符，以及分支结构程序设计
第 4 章	while、do…while、for 循环结构，以及 continue 和 break 语句
第 5 章	一维数组、二维数组编程
第 6 章	函数（方法）的声明与调用，形式参数和实际参数及返回值
第 7 章	最新技能抽查相关程序设计题库分析、解题思路及流程图
第 8 章	面向对象的封装、继承、多态等基本知识

本书所有代码均采用 Java 语言编写，但大部分内容是独立于程序设计语言的。虽然在不同程序设计语言里，如何做测试、如何排除程序错误等会存在许多不同，但是其中的策略和技巧是类似的。我们期望，无论读者现有的经验和技术如何，都能从本书中习得技能，并从编程中获得更多的乐趣。

本书由陈翠娥、王涛和邱春荣主编，陈翠娥负责教材的总体设计、统稿和审稿，并完成了第 3 章的编写工作；王涛、邱春荣共同参与了本书的审稿和校稿工作，另外，王涛还完成了第 1 章、第 4 章及附录 A 的编写工作。符春编写了第 2 章，严志和陈翠娥共同编写了第 5 章，蒋国清编写了第 6 章，王涛和陈翠娥共同编写了第 8 章。本书为校企合作开发教材，邀请了湖南知临科技有限公司董事长徐元文先生及该公司高级程序员袁志刚先生参与编写，他们根据多年的实践经验，编写了第 7 章、附录 B 和附录 C（部分试题解析可扫描二维码获取）。

由于作者水平有限，疏漏之处在所难免，恳请各位读者给予批评和指正。

编　者

目　录

Contents

第 *1* 章

程序流程图

【学习情境】　阿拉伯数字与汉字数字的转换编程。

【问题描述】

　　从键盘输入一个正整数，输出该数字的中文名称。例如，键盘输入123，输出"一二三"；键盘输入3103，输出"三一零三"。

【任　　务】　实现阿拉伯数字与汉字数字的转换问题的关键算法并绘制流程图。

【要　　求】　使用判断语句完成。

1.1　程序设计

程序设计的目的是为了让计算机帮助人类解决实际问题，因此，程序设计就是把人类解决特定问题的思想和方法转换为计算机可运行程序的一个过程。

1.1.1　计算机解题过程

在生活、生产等实际应用中，人们不仅要用计算机解决简单问题，还需要利用计算机来完成复杂问题的求解。对于简单的问题，运用数学知识进行简单计算就能解决，但是对于复杂问题来说就没那么容易了。因此，利用计算机解决具体问题的过程大致经过以下几个步骤。

① 分析问题：对于给定的具体问题，研究给定的条件，分析最后应达到的目标，抽象出一个适当的数学模型。

② 设计算法：设计一个解此数学模型的算法，也就是解决问题的具体步骤。

③ 编写程序：根据设计的算法，使用某一种具体的程序设计语言编写程序代码。

④ 调试程序：执行程序，得到运行结果。但是能得到运行结果并不意味着程序正确，因此要对结果进行分析，看它是否合理。不合理则要对程序进行调试，也就是说，需要通过上机操作发现和排除程序中的错误（即 bug）。

⑤ 编写程序文档：最终的程序一般是提供给用户使用的，必须向用户提供程序说明书。程序说明书的内容一般包括：程序名称、程序功能、运行环境、程序的安装和启动、需要输入的数据，以及注意事项等。

1.1.2　程序设计语言

程序设计语言泛指一切用于书写计算机程序的形式语言。它是一种被标准化的交流技巧，用来向计算机发出指令。计算机语言让程序员能够准确地定义计算机所需要使用的数据，并精确地定义在不同情况下应当采取的行动。而语言的基础则是一组记号和一系列的规则，根据这些规则由记号构成的记号串的集合就是语言。程序设计语言有 3 个方面的因素：语法、语义和语用。

① 语法表示程序的结构或形式，也就是表示构成语言的各个记号之间的组合规律，但不涉及这些记号的特定含义，不涉及使用者。

② 语义表示程序的含义，也就是按照各种方法所表示的各个记号的特定含义，也不涉及使用者。

③ 语用表示程序与使用者的关系。

自计算机发明以来，世界上公布的程序设计语言已有上千种之多，从发展历程来看，程序设计语言可以分为四代。

1．第一代语言（机器语言）

机器语言由二进制 0、1 代码指令构成，不同的中央处理器（CPU）具有不同的指令系统。机器语言是计算机唯一能识别并直接执行的语言，与汇编语言或高级语言相比，其执行效率高。但其可读性差，不易记忆；编写程序既难又繁，容易出错；程序调试和修改难度巨大，不容易掌握和使用。此外，因为机器语言直接依赖于 CPU，所以用某种机器语言编写的程序只能在相应的计算机上执行，无法在其他型号的计算机上执行，也就是说，可移植性差。目前，这种语言几乎不被使用。

2．第二代语言（汇编语言）

20 世纪 50 年代初出现了汇编语言。汇编语言用比较容易识别、记忆的助记符替代特定的二进制数串。也就是说，汇编语言指令是机器指令的符号化，与机器指令存在着直接的对应关系，所以汇编语言同样存在着难学难用、容易出错、维护困难等缺点。汇编语言也有自己的优点，它可以直接访问系统接口，汇编程序翻译成机器语言程序的效率高。但是从软件工程角度来看，只有在高级语言不能满足设计要求，或不具备支持某种特定功能的技术性能（如特殊的输入输出）时，汇编语言才被使用。

3．第三代语言（高级语言）

尽管汇编语言比机器语言方便，但汇编语言仍然有许多不便之处，程序编写的效率远远不能满足需要。高级语言是面向用户的、基本上独立于计算机种类和结构的语言。高级语言的最大优点是，它与自然语言和数学表达式相当接近，概念上接近于人们通常使用的概念，不依赖于计算机型号，高级语言的一个命令可以代替几条、几十条甚至几百条汇编语言的指令。因此，高级语言易学易用，通用性强，应用广泛。高级语言的使用，大大提高了程序编写的效率和程序的可读性。

但是与汇编语言一样，计算机无法直接识别和执行高级语言，必须翻译成等价的机器语言程序（称为目标程序）才能执行。高级语言源程序翻译成机器语言程序的方法有"解释"和"编译"两种。解释方法采用边解释边执行的方法。编译方法使用相应语言的编译程序，先把源程序编译成指定机型的机器语言目标程序，然后再把目标程序和各种标准库函数连接装配成完整的目标程序，在相应的机型上执行。编译方法比解释方法更具有效率。

高级语言种类繁多，从对客观系统的描述上可将程序设计语言进一步分为面向对象的语言和面向过程的语言。以"数据结构+算法"程序设计范式构成的程序设计语言称为面向过程的语言，如早期用于科学计算的 Fortran 语言。以"对象+消息"程序设计范式构成的程序设计语言，称为面向对象的语言，如 Java、C++。

4．第四代语言（简称 4GL）

4GL 是非过程化语言，编码时只需说明"做什么"，不需描述算法细节。它是面向应用，为终端用户设计的一类程序设计语言。它具有缩短应用开发过程、降低维护代价、最大限度地减少调试过程中出现的问题以及对用户友好等优点。但是目前来说，真正的 4GL应该说还没有出现。

程序设计语言的发展趋势是模块化、简明性和形式化。

☑ 模块化。语言有模块成分，程序由模块组成，语言本身的结构也是模块化的。

☑ 简明性。涉及的基本概念不多，成分简单，结构清晰，易学易用。

☑ 形式化。发展合适的形式体系，以描述语言的语法、语义和语用。

1.1.3 算法

一个程序包括对数据的描述和对运算操作的描述。著名计算机科学家尼克劳斯·沃斯就此提出了一个著名的公式：

程序 = 数据结构 + 算法

其中，数据结构即非数值计算的程序设计问题中的计算机操作对象，以及它们之间的关系和操作；算法是对特定问题求解步骤的一种描述，是指令的有序序列。而设计算法是程序设计的核心。程序是某一算法用计算机程序设计语言的具体实现。也就是说，当一个算法使用某一种具体的计算机程序设计语言描述时，就是某一种语言的程序。例如，一个算法使用 Java 语言描述，就是 Java 程序。而程序设计的初学者往往把程序设计简单地理解为编写一个程序，但实际上，程序设计反映的是利用计算机解决问题的全过程，一般先要对问题进行分析并建立数学模型，然后考虑数据的组织方式，设计合适的算法，并用某一种具体的程序设计语言编写程序实现算法。

因此，在实际应用中，对于任何一个问题必须先弄清楚其内容、性质和规模，才能找到解决问题的方法，所以分析问题就是要确定用计算机做什么。接下来就解决怎么做的问题，也就是算法。算法是解决问题的方法与步骤，有了算法才能转化成指令代码，计算机才能按照指令代码一步一步去执行，直到得到问题的解。

算法独立于任何一种程序设计语言，一个算法可以由多种程序设计语言来实现。一个算法应该具有以下特征。

① 有穷性：一个算法必须保证它的执行步骤是有限的，即它是能终止的。

② 确定性：算法中的每一个步骤必须有确切的含义，而不应当是模糊的、模棱两可的。

③ 可行性：算法的每一步原则上都可以在有限时间内完成。

④ 有零个或多个输入：输入是指算法在执行时需要从外界获得数据，其目的是为算法建立某些初始状态。如果建立初始状态所需的数据已经包含在算法中了，那就不需要输入了。

⑤ 有一个或多个输出：算法的目的是用来解决问题的，问题的结果应以一定的形式输出。

一个算法可以使用自然语言、伪代码或流程图来描述。

1. 使用自然语言描述算法

自然语言是人们日常所用的语言，如汉语、英语、德语等。用自然语言描述算法符合我们的表达习惯，并且容易理解。但其缺点是书写较烦琐，具有不确定性，对复杂的问题难以表达准确，不能被计算机识别和执行。

例如，使用自然语言描述一下解决此问题的算法：现有一杯可乐 A 和一杯果汁 B，借助一个空杯子 C，将可乐和果汁中多的那个装到原来装果汁的杯子里。

① 如果可乐杯子里的可乐比果汁杯子里的果汁多；

② 则首先需将果汁倒入空杯子；

③ 然后将可乐倒入原来装果汁的杯子；

④ 如果果汁杯子里的果汁比可乐杯子里的可乐多；

⑤ 则保持原样不动。

2．使用伪代码描述算法

从上述自然语言描述中可以看出，使用自然语言描述算法虽然字面都很容易看懂，但是自然语言固有的不严谨性，对于一个简单的问题想要简单清晰地描述都变得很困难。因此，使用伪代码来描述算法是一个很好的选择。

伪代码是自然语言和类似编程语言组成的混合结构，它比自然语言更精确，描述算法更简洁，同时也可以很容易地转换成计算机程序。虽然计算机科学家们从来就没有对伪代码的形式达成共识，不同的书籍中在使用伪代码时都会多少包含一些各自的风格，但是这些伪代码都十分相似，熟悉任何一门现代编程语言的人都能够理解。另外，使用伪代码描述算法可以让程序员很容易将算法转换成程序，同时还可以避开不同程序语言的语法差别。伪代码是介于自然语言和计算机程序语言之间的一种算法描述。其优点是简洁、易懂、修改容易；但是也具有不直观、错误不容易排查等缺点。

例如：判断 a 和 b 的大小，将其中大的值放在 b 中，然后将这两个值输出。

```
if (a > b)
    then
        c←b;
        b←a;
        a←c;
        print b,a;
else
    print b,a;
```

这样不但可以达到文档的效果，还可以节约时间。更重要的是，伪代码使得结构比较清晰，表达方式更加直观。

3．使用流程图描述算法

流程图是使用图形表示算法的思路。对于上述问题，使用流程图来描述如图 1-1 所示。

 **练一练**

1．下面哪个不是算法的特征？（　　　　）

　　A．抽象性　　　B．确定性　　　C．有穷性　　　D．可行性

2. 算法的有穷性是指（　　　　　）。

    A. 算法必须包含输出　　　　　　　　B. 算法中每个操作步骤都是可执行的

    C. 算法的步骤必须有限　　　　　　　　D. 以上说法均不正确

3. 下面对算法描述正确的一项是？（　　　　）

    A. 算法只能用自然语言来描述　　　　　B. 算法只能用图形方式来描述

    C. 同一问题的算法不同，结果必然不同　D. 同一问题可以有不同的算法

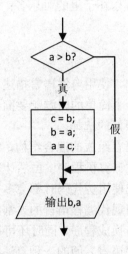

图 1-1　将 a，b 两值中的较大值放入 b 中并输出流程图

1.2　程序流程图

1.2.1　流程图的绘制方法

前面介绍了伪代码，现在来看下如何使用流程图描述算法。以特定的图形符号加上说明表示算法的图，称为程序流程图，简称流程图。通俗地说，流程图是用一些图框来表示各种类型的操作，在框内写出各个步骤，然后用带箭头的线把它们连接起来，以表示执行的先后顺序。总而言之，流程图是人们对解决问题的方法、思路或算法的一种描述。

流程图具有以下优点：

☑　采用简单规范的符号，画法简单。

☑　结构清晰，逻辑性强。

☑　图形化表示，直观形象。

☑　便于描述，容易理解。

美国国家标准化协会（ANSI）曾规定了一些常用的流程图符号，为世界各国程序工作者普遍采用。最常用的流程图符号及功能描述如表 1-1 所示。

表 1-1　流程图符号

符 号	名 称	功能描述
	开始/结束框	椭圆形框，用于表示一个流程开始或结束，"开始"和"结束"写在符号内
	输入/输出框	平行四边形框，用于表示数据的输入/输出，"输入"和"输出"的内容写在符号内
	操作处理	矩形框，用于表示流程中的一个单独步骤，操作处理简要说明写在符号内
	判断框	菱形框，用于表示对一个给定的条件进行判断，根据给定的条件是否成立决定如何执行其后的操作，给定的条件写在符号内
	流程线	带箭头的线，用于表示流程的路径和方向
	子流程	用于表示在某个流程流转过程中可以创建一个新的流程并执行，结束后可以再次返回父流程
	页内引用（连接点）	圆圈，用于将画在不同地方的流程线连接起来。用连接点，可以避免流程线的交叉或过长，使流程图更清晰
	跨页引用	当流程图很复杂时需要引用其他页面的流程图时使用
注释文字	注释框	用于对流程图中某些框的操作进行一些必要的补充说明，以帮助阅读流程图的人更好地理解流程图的作用。它不是流程图中必要的部分，不反映流程和操作

　　程序流程图表示程序内各步骤的内容，以及它们的关系和执行的顺序，它说明了程序的逻辑结构。流程图应该足够详细，以便可以按照它顺利地写出程序，而不必在编写程序时临时构思而出现逻辑错误。流程图不仅可以指导编写程序，而且可以在调试程序中用来检查程序的正确性。如果流程图是正确的而结果不对，则按照流程图逐步检查程序是很容易发现其错误的。流程图还能作为程序说明书的一部分提供给他人，以便帮助他人理解程序的思路和结构。

　　传统的流程图用流程线指出各框的执行顺序，对流程线的使用没有严格限制。因此，使用者可以毫不受限制地使流程转来转去，使流程图变得毫无规律，阅读者要花很大精力去追踪流程，难以理解算法的逻辑。为了提高算法的质量，使算法的设计和阅读更加方便，必须限制箭头的滥用，即不允许无规律地使流程转向，只能按顺序进行下去。但是，算法上难免会包含一些分支和循环，而不可能全部由一个一个顺序组成。为了解决这个问题，1966 年，Bohra 和 Jacoplni 提出了以下三种基本结构，由这些基本结构按一定规律组成一个算法结构，整个算法结构是由上而下地将各个基本结构顺序排列起来的。

1．顺序结构

　　顺序结构是最简单的一种程序结构，如图 1-2 所示，A 和 B 两个框是顺序执行的。

2. 选择结构

如图 1-3 左图所示的流程图中包含一个判断框，根据给定的条件 P 是否成立而选择执行 A 或 B。注意，无论 P 条件是否成立，只能执行 A 或 B 之一，不可能既执行 A 又执行 B。无论走哪一条路径，在执行完 A 或 B 之后将结束选择结构。如图 1-3 右图所示，A 或 B 两个框中可以有一个是空的，即不执行任何操作。

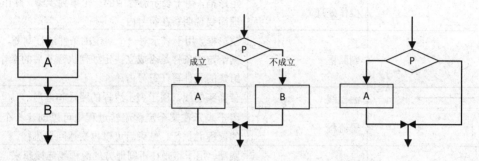

图 1-2　顺序结构　　　　　　　　　　图 1-3　选择结构

3. 循环结构

循环结构又称重复结构，即反复执行某一部分的操作。有两类循环结构：当型循环和直到型循环。

（1）当型循环

如图 1-4 所示，当给定的条件 P 成立时，执行 A 框操作，然后再判断 P 条件是否成立。如果仍然成立，再执行 A 框操作，如此反复直到 P 条件不成立为止，此时不执行 A 框操作，结束循环结构。

（2）直到型循环

如图 1-5 所示，先执行 A 框，然后判断给定的 P 条件是否成立。如果 P 条件成立，则再执行 A，然后再对 P 条件进行判断。如此反复直到给定的 P 条件不成立为止，此时结束循环结构。

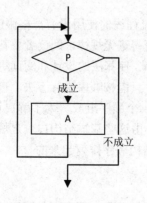
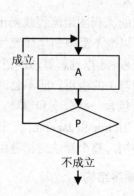

图 1-4　当型循环结构　　　　　　　　图 1-5　直到型循环结构

这两种循环结构都能处理需要重复执行的操作,当型循环是"先判断(条件是否成立),后执行 A 框",而直到型循环则是"先执行 A 框,后判断(条件是否成立)"。一般来说,对于同一个问题,既可以用当型循环来处理,也可以用直到型循环来处理。

流程图是算法的图形表示,因此,流程图也具有上述算法的五个特征:有穷性、确定性、可行性、有零个或多个输入、有一个或多个输出。在绘制程序流程图时要注意以下几点:

① 流程图要有开始和结束框。

② 每个框必须有流入和流出的流程线(开始和结束框除外)。

③ 菱形框只能有是、否(也可以用 y/n、yes/no 或真/假等)输出。

④ 流程图的流向需要有方向,表示程序执行过程。

⑤ 严格按流程图的符号描述流程图:输入输出用平行四边形框,判断用菱形框,处理用矩形框,开始和结束用圆角矩形框。

⑥ 有函数调用的流程图,可以按照程序执行的流程,将函数流程插入调用处,也可以使用子流程来绘制函数流程。

⑦ 较长的流程图或关系复杂的流程图,可以使用页内引用(连接点)。

⑧ 流程线尽量不要交叉。

1.2.2　程序设计的一般过程

程序设计的方法主要有结构化程序设计(Structured Programming,SP)和面向对象程序设计(Object-Oriented Programming,OOP)。其中,结构化程序设计的主要思想就是把复杂的问题按照功能来划分为若干个小模块,每个模块用来实现特定的功能。而面向对象程序设计的主要思想是在程序中用对象描述现实世界中的事物,对象是数据和数据操作的统一整体,每个对象都可以接受消息、处理数据和向其他对象发送消息。Java 语言融合了结构化程序设计和面向对象程序设计两种方法,本书主要使用 Java 语言结构化程序设计的特性。

程序设计的基本目标是应用算法对问题的原始数据进行处理,从而解决问题,获得所期望的结果。在解决问题的前提下,要求算法运行的时间短,占用系统空间小。学习程序设计不仅仅是为了学会一种编程语言,更是为了能够使用计算机解决一些实际问题,因此需要掌握整个程序设计的过程。下面以一个具体问题为例,通过分析问题,描绘出解决问题的流程图,然后将流程图转换为 Java 程序代码并调试和运行,最终解决问题。

【例 1-1】求三位数各个位上的数字问题:用户输入一个三位自然数,让计算机输出百位、十位和个位上的数字。

(1)各个位上的数字解题思路

对于该问题我们首先要考虑将输入的三位自然数的百位、十位和个位分离出来,首先使用三位数整除 100,其整除得到的商就是百位;用去掉百位的剩余部分整除 10,其整除得到的商就是十位;依此类推,可以得到个位,然后再将百位、十位和个位进行输出。

(2)程序流程图

根据上述分析,本例程序流程图如图 1-6 所示。

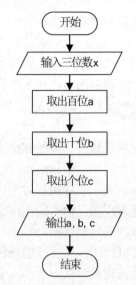

图 1-6　【例 1-1】程序流程图

（3）Java 源代码

```java
package com.csmz.chapter01.example;
import java.util.Scanner;
public class Example01 {
    public static void main(String[] args) {
        Scanner scanner = new Scanner(System.in);
        System.out.println("请输入一个三位自然数：");
        int x = scanner.nextInt();
        int a = x / 100;
        int b = (x - 100 * a) / 10;
        int c = x - 100 * a - 10 * b;
        System.out.println("三位自然数：" + x + "的百位为：" + a + "，十位为：" + b + "，个位为：" + c);

        scanner.close();
    }
}
```

程序运行结果如下：

请输入一个三位自然数：123

三位自然数：123 的百位为：1，十位为：2，个位为：3

 练一练

1．不能描述算法的是（　　　）。

　　A．流程图　　　　　　B．伪代码　　　　　　C．数据库　　　　　　D．自然语言

2．流程图中表示判断框的是（　　　）。

　　A．矩形框　　　　　　B．菱形框　　　　　　C．平行四边形框　　　　D．圆角矩形框

3. 流程图中表示输入/输出的是（   ）。
   A. 矩形框　　　　　B. 菱形框　　　　　C. 平行四边形框　　　D. 圆角矩形框
4. 流程图中表示开始/结束的是（   ）。
   A. 矩形框　　　　　B. 菱形框　　　　　C. 平行四边形框　　　D. 圆角矩形框

1.3　Java 程序的构建模块

如果需要使用 Java 语言进行程序设计，首先应该了解 Java 语言的基本语法和基本组成单位。

1.3.1　Java 语言的基本语法

每一种程序设计语言都有一套基本的语法格式规范，Java 也同样需要遵循一定的语法规范，如代码的书写、标识符的定义、关键字的应用等。

1. 标识符

标识符是程序员在使用 Java 语言进行程序设计时对变量、方法、包、类、对象和接口等进行命名时的有效字符序列。在 Java 语言中，标识符的命名规则如下：

☑ 标识符可以由字母、数字、下划线和美元符号$组成，长度任意，但是第一个字符不能是数字。

☑ 标识符不能使用 Java 语言的关键字和保留字，但关键字和保留字可以作为标识符的一部分。

☑ 不能是 true、false、null 这三个特殊的直接量。

☑ 标识符不能包含空格、@、#等其他特殊字符。

☑ 标识符严格区分大小写。

☑ 在同一作用域下，一般不允许有同名的标识符。

☑ 标识符尽量避免使用美元符号$，因为美元符号$经常被编译器用来创建标识符。

根据上述规则，合法的标识符有 csmz、$csmz、_csmz 和_1_csmz，不合法的标识符有：1csmz 和-csmz。

为了提高程序的可读性，增加程序的规范性，标识符在定义的时候最好能够做到见名知义。定义标识符要遵循以下约定。

☑ 下划线_和美元符号$一般不作为变量名和方法名的开头。

☑ 包名：由多个单词组成时所有字母小写（如 package com.csmz）。

☑ 类名和接口：由多个单词组成时所有单词的首字母大写（如 HelloWorld）。

☑ 变量名和函数名：由多个单词组成时第一个单词首字母小写，其他单词首字母大写（例如 lastAccessTime、getTime）。

☑ 常量名：由多个单词组成时，字母全部大写，多个单词之间使用_分隔（如：INTEGER_CACHE）。

2．关键字

关键字是 Java 语言中事先定义的、有特殊含义的字符序列，也称为保留字。Java 的关键字对 Java 的编译器有特殊的意义，它们用来表示一种数据类型，或者表示程序的结构等。关键字不能用作变量名、方法名、类名、包名和参数等标识符。Java 中的关键字如表 1-2 所示。

表 1-2　Java 关键字

分　类	关　键　字	含　　义
类，方法和变量修饰符	abstract	表明类或者成员方法具有抽象属性
	class	声明一个类
	enum	枚举
	extends	表明一个类型是另一个类型的子类型，这里常见的有类和接口
	final	用来说明最终属性，表明一个类不能派生出子类，或者成员方法不能被覆盖，或者成员域的值不能被改变
	implements	表明一个类实现了给定的接口
	interface	接口
	native	用来声明一个方法是由与计算机相关的语言（如 C/C++/FORTRAN 语言）实现的
	new	用来创建新实例对象
	static	表明具有静态属性
	strictfp	用来声明 FP_strict（单精度或双精度浮点数）表达式遵循 IEEE 754 算术规范
	synchronized	表明一段代码需要同步执行
	transient	声明不用序列化的成员域
	volatile	表明两个或者多个变量必须同步地发生变化
	break	提前跳出一个块
	continue	回到一个块的开始处
	case	用在 switch 语句之中，表示其中的一个分支
	default	默认，例如，用在 switch 语句中，表明一个默认的分支
	do	用在 do-while 循环结构中
	else	用在条件语句中，表明当条件不成立时的分支
	for	一种循环结构的引导词
	if	条件语句的引导词
	instanceof	用来测试一个对象是否是指定类型的实例对象
	return	从成员方法中返回数据
	switch	分支语句结构的引导词
	while	用在循环结构中
基本类型	boolean	基本数据类型之一，布尔类型
	byte	基本数据类型之一，字节类型
	char	基本数据类型之一，字符类型
	double	基本数据类型之一，双精度浮点数类型

续表

分　类	关 键 字	含　　义
基本 类型	float	基本数据类型之一，单精度浮点数类型
	int	基本数据类型之一，整数类型
	long	基本数据类型之一，长整数类型
	short	基本数据类型之一，短整数类型
包相关	import	表明要访问指定的类或包
	package	包
访问 控制	private	一种访问控制方式：私用模式
	protected	一种访问控制方式：保护模式
	public	一种访问控制方式：共用模式
变量 引用	super	表明当前对象的父类型的引用或者父类型的构造方法
	this	指向当前实例对象的引用
	void	声明当前成员方法没有返回值
错误 处理	assert	断言表达式是否为真，用来进行程序调试
	catch	用在异常处理中，用来捕捉异常
	finally	用于处理异常情况，用来声明一个肯定会被执行到的语句块
	throw	抛出一个异常
	throws	声明在当前定义的成员方法中所有需要抛出的异常
	try	尝试一个可能抛出异常的程序块
其他保 留字	const	保留关键字，没有具体含义
	goto	保留关键字，没有具体含义
	null	空

3．分隔符

Java 语言中的分隔符用于区分 Java 源代码中的基本成分，具体情况如下。

（1）空白符

Java 语言中的空白符有空格、回车、换行和制表符。但是在 Java 源代码中，基本成分之间的一个空白符与多个空白符的作用相同，因为在编译过程中，编译器会忽略空白符，但是在 Java 源代码的书写过程中，适当的使用空白符可以增强程序的可读性。

（2）普通分隔符

Java 语言中的普通分隔符是具有确定含义的，使用过程中必须遵守相应的规则。Java 语言中的普通分隔符主要包含以下 4 种。

① 　{}（大括号）：用于定于语句块，例如，数组初始化、复合语句、方法体和类体等。

② 　;（分号）：用于作为语句结束的标记。

③ 　,（逗号）：用于区分方法的各个参数，或者声明的各个变量。

④ 　:（冒号）：用于作为语句的标号。

4. 注释

在编写 Java 源代码时总需要为代码添加一些注释，用以说明某段代码的作用，或者说明某个类的用途、某个方法的功能，以及该方法的参数和返回值的数据类型及意义等。

注释的作用如下。

① 为了更好地阅读自己编写的代码，建议添加注释。这样当过一段时间再回顾此代码的时候，注释就起到了帮助理解的作用。

② 一个软件一般都是一个团队协同开发出来的。因此，给代码添加注释有利于代码被整个团队的其他人更快理解。

③ 程序源代码是程序文档的重要组成部分。

写在 Java 源代码中的注释不会出现在最终的可执行程序中。因此，可以在源程序中根据需要添加任意多的注释，而不必担心可执行代码会膨胀。在 Java 语言中，有以下 3 种书写注释的方式。

① 单行注释：是 Java 语言中最常用的注释方式，其注释内容从"//"开始到本行末尾。

② 多行注释：多行注释的内容放到"/*"和"*/"之间。也就是说，多行注释从"/*"开始，到"*/"结束。此处需要特别注意的是，多行注释中"/*"和"*/"不可以嵌套，否则会出现意想不到的错误。

③ 文档注释：是 Java 语言提供的专门用于生成文档的注释格式。文档注释是以"/**"开始，以"*/"结束的。这种注释可以用来自动地生成文档。在 JDK 中有个 javadoc 的工具，可以由源文件生成一个 HTML 文档。

使用这种方式注释源文件的内容，显得非常专业，并且可以随着源文件的保存而保存起来。也就是说，当修改源文件时，也可能对这个源代码的需求等一些注释性的文字进行修改，那么，这时候可以将源代码和文档一同保存，而不用再另外创建一个文档。

1.3.2 Java 程序的基本组成单位

学习了 Java 的基本语法后，接下来给大家介绍 Java 程序的基本组成单位。

开发 Java 应用程序一般分为编码（Coding）、编译（Compile）和运行（Run）三个步骤，这个过程可以用如图 1-7 所示的流程图描述。

1. 编码（Coding）

编写 Java 程序代码可以使用的工具很多，对于初学者可以使用 Windows 操作系统"附件"中自带的

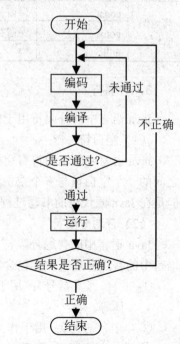

图 1-7　开发 Java 程序一般步骤的流程图

"记事本"来编写代码，如图 1-8 所示。

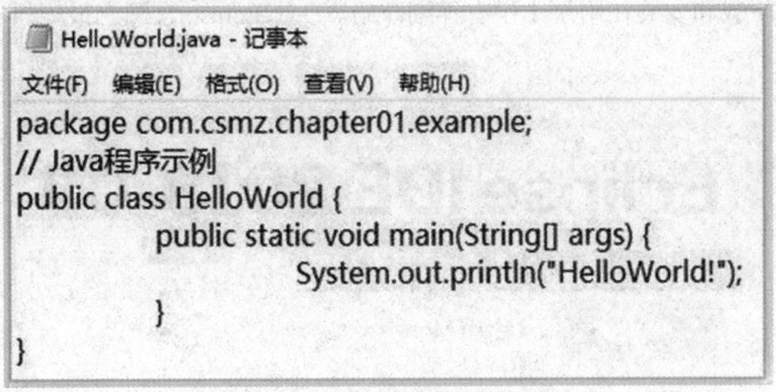

```
HelloWorld.java - 记事本
文件(F)  编辑(E)  格式(O)  查看(V)  帮助(H)
package com.csmz.chapter01.example;
// Java程序示例
public class HelloWorld {
        public static void main(String[] args) {
                System.out.println("HelloWorld!");
        }

}
```

图 1-8　Java 程序示例代码

当代码编写完成后，按下快捷键 Ctrl + S 保存源代码，文件命名为 HelloWorld.java（为了后续步骤的需要，此处文件存放在 D 盘的根目录下）。这里需要说明的一点是，记事本默认保存的文件的后缀名是.txt，而 Java 程序的源代码必须保存为后缀名为.java 的文件，Java 语言的编译器才能够识别并编译。

从图 1-8 可以看出，一个最简单的 Java 程序可以只由一个 Java 源代码文件组成，Java源代码文件的后缀名为.java。在源代码文件中需要声明一个主类，该类中需定义一个 main方法作为程序的执行入口，本例中主类名为 HelloWorld，声明类时使用了关键字 class。

Java 源代码文件命名应遵守以下命名约定：

☑　文件名必须唯一；

☑　文件名不能是关键字；

☑　如果类使用 public 关键字修饰，Java 源代码文件名就必须和类名相同；

☑　如果 Java 源代码文件中包含多个类，则只有一个类可以使用 public 关键字修饰，文件名应该与使用 public 关键字修饰的类名相同；

☑　如果 Java 源代码文件中包含多个类，所有类均未使用 public 关键字修饰，则可以为该文件指定任意文件名。

在主类中必须定义一个 main 方法，格式为：

public static void main(String[] args) { }

上述格式是 main 方法的固定格式，main 方法是 Java 程序的入口，也就是程序开始执行的地方。其中 (String[] args) 里面的东西叫作形参，参数分为形式参数（形参）和实际参数（实参），后面会有专门的章节来介绍，这里不再赘述。

main()方法中的语句 System.out.println("HelloWorld!"); 是 Java 语言中的标准输出语句，" "双引号中间写什么内容，程序运行后就会在控制台输出什么内容。

书写 Java 代码提示：在输入 Java 代码时输入法一定要切换到英文输入状态下，否则可能因为输入了中文的符号而导致后面编译阶段的错误。

使用记事本编写代码一段时间后，对代码有一定的感觉了，可以使用 Eclipse 集成开发环境来编写、调试代码。Eclipse 软件可到它的官网 https://www.eclipse.org/去下载最新版，

Java 基础编程使用 Eclipse IDE for Java Developers 即可。安装 Eclipse 之前需要下载并安装 JDK，JDK 的下载和安装在附录 1 中有详细介绍。目前 Ecipse 官网上最新版本的 IDE 下载如图 1-9 所示。

图 1-9　Ecipse 官网

2．编译（Compile）

使用 JDK 中的 Java 编译器（javac.exe）对 Java 源代码文件进行编译，具体步骤如下。

① 按下快捷键 WIN+R 启动运行命令框，输入 cmd 命令，如图 1-10 所示，然后按回车键，就可以启动命令提示符窗口；

② 在命令提示符窗口中输入 D:命令进入 D 盘根目录，输入 dir 命令，显示 D 盘根目录下的所有文件夹和文件，其中就能看到之前保存的 Java 源代码文件，如图 1-11 所示；

③ 输入编译命令 javac HelloWorld.java 对 Java 源代码进行编译，如图 1-12 所示，所有 Java 源代码文件都需要编译之后才能去执行。

执行编译命令后，如果没提示什么信息就说明编译通过，这时输入 dir 命令显示 D 盘根目录下的所有文件夹和文件，就会发现多了一个 HelloWorld.class 文件，这是 Java 源代码编译之后产生的字节码文件。字节码是和平台无关的，这一点和 C 语言编译生成平台相关的机器码是不一样的。机器码只能在对应的平台执行，而字节码执行是与平台无关的，但是必须有解释器。如果提示错误信息就要根据错误提示去检查了，首先检查 JDK 环境变量是否配置好（对于 JDK 的安装和配置见附录 A），然后检查类名和文件名是否一致，再检查代码是否使用中文输入法输入等。

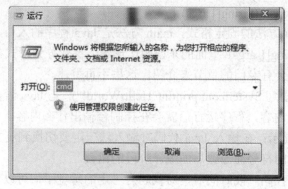

图 1-10　运行命令框图

图 1-11　查看 Java 源代码文件

图 1-12　编译 Java 源代码文件

3. 运行（Run）

Java 源代码编译转换为.class 文件后就可以在 JVM 虚拟机中运行了。在命令提示符后输入命令 java HelloWorld，然后按回车键后打印输出 HelloWorld！，如图 1-13 所示。

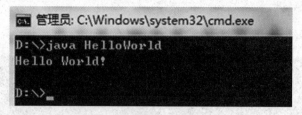

图1-13　运行第一个Java程序

注意：此时实际上运行的是文件HelloWorld.class，但是命令中并不用加字节码文件的后缀名。Java源代码的字节码文件经过解释器转换为和平台相关的机器码才可执行，这个过程在执行过程中动态解释，这与编译型语言（比如C语言）是在执行之前就编译成了和平台相关的机器码不同，这也是Java语言的源代码可以"一次编译，多处运行"的重要原因。

1. Java语言的各种分隔符中，非法的是（　　）。

    A. 空白符　　　　B. 分号　　　　C. 逗号　　　　D. 问号

2. 以下哪个选项是Java源代码的正确扩展名？（　　）

    A. .jav　　　　B. .java　　　　C. .cla　　　　D. .class

3. Java中的程序代码都必须在一个类中定义，类使用（　　）关键字来定义。

    A. class　　　　B. public　　　　C. static　　　　D. void

1.4　综合实例

【例1-2】流程图转换为程序示例。解决"学习情境"中的问题：阿拉伯数字与汉字数字的转换编程。从键盘输入一个正整数，输出该数字的中文名称。例如，键盘输入123，打印出"一二三"；键盘输入3103，打印出"三一零三"。

要求：使用判断语句完成。

（1）解题思路

使用表达式!str.matches("[\\d]+")判断字符串中包含非数字字符，"[\\d]+"为正则表示字符串由若干个数字组成。根据题意，输入一串数字字符串，然后输出这串数字的中文名称。将数字的中文名称存放到一个数组s中，然后循环i=0到str.length-1，取到第i个数字（str.charAt(i) - '0'），输出s[i]即可。本例使用了选择结构、循环结构和数组编程，对程序的理解可以等学习完相应章节的内容后再进行。

（2）程序流程图

本例程序流程图如图1-14所示。

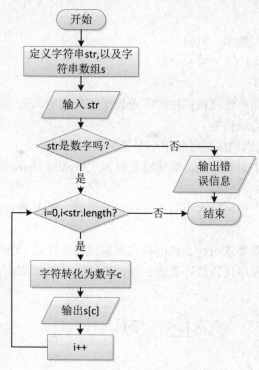

图 1-14　【例 1-2】程序流程图

（3）Java 源代码

```java
package com.csmz.chapter01.example;
import java.util.Scanner;
public class Example02 {
    public static void main(String[] args) {
        // 建立一个字符串数组，其中元素为大写的中文字符
        String[] s = { "零", "一", "二", "三", "四", "五", "六", "七", "八", "九" };
        System.out.print("请输入您要转换的数字：");
        Scanner sc = new Scanner(System.in);
        String str = sc.nextLine();
        if (!str.matches("[\\d]+")) {
            System.out.println("字符串中包含非数字字符！！");
        } else {
            System.out.print("数字的中文表示为：");
            for (int i = 0; i < str.length(); i++) {
                // 提取键盘输入字符串中的每个字符，再转换成阿拉伯数字
                int c = str.charAt(i) - '0';
                System.out.print(s[c]);// 数字的中文表示
            }
        }
        sc.close();
    }
}
```

程序运行结果为：

请输入您要转换的数字：3103

数字的中文表示为：三一零三

代码说明如下：

☑ Java 源代码是将流程图描述的解题思路和步骤用 Java 语言来实现，最终使得计算机可以帮助完成任务。

☑ 在 Java 源代码的编写过程中不要将英文的分号（;）误写成中文的分号（；），如果写成了中文的分号，编译器会报告"Invalid character"（无效字符）这样的错误信息。

☑ Java 语言是严格区分大小写的。在定义类时，不能将 class 写成 Class，否则编译会报错。

☑ Java 没有严格要求用什么样的格式来编排程序代码，但是为了提高源代码的可读性，应该让程序代码整齐美观、层次清晰，便于阅读。

1.5 习　　题

一、单选题

1. 下面的四段话，其中不是解决问题的算法的是（　　　）。

    A. 从济南到北京旅游，先坐火车，再坐飞机抵达

    B. 解一元一次方程的步骤是去分母、去括号、移项、合并同类项、系数化为 1

    C. 方程 $x^2-1=0$ 有两个实根

    D. 求 1+2+3+4+5 的值，先计算 1+2=3，再由于 3+3=6，6+4=10，10+5=15，最终结果为 15

2. 算法的三种基本结构是（　　　）。

    A. 顺序结构、选择结构、循环结构　　　B. 顺序结构、流程结构、循环结构

    C. 顺序结构、分支结构、流程结构　　　D. 流程结构、循环结构、分支结构

3. （　　）是计算机能直接识别、理解和执行的语言。

    A. 汇编语言　　　　B. Java 语言　　　C. C 语言　　　　D. 机器语言

4. 下述算法最后输出的 m 表示（　　　　）。

    S1　m=a

    S2　若 b<m，则 m=b

    S3　若 c<m，则 m=c

    S4　若 d<m，则 m=d

    S5　输出 m

    A. a，b，c，d 中的最大值　　　　　B. a，b，c，d 中的最小值

    C. 将 a，b，c，d 由小到大排序　　　D. 将 a，b，c，d 由大到小排序

5. 键盘输入 x 应该是（　　　），在运行下面的算法之后得到输出结果是 16。

输入 x

如果 x<0 则 y=(x+1)*(x+1)

否则 y=(x-1)*(x-1)

输出 y

   A. 3 或-3　　　　　B. -5　　　　　C. 5 或-3　　　　　D. 5 或-5

6. 人们利用计算机解决问题的基本过程一般有五个步骤，各步骤的先后顺序正确的是（　　　）。

①调试运行程序　②分析问题　③设计算法　④问题解决　⑤编写程序

   A. ①②③④⑤　　B. ②④③⑤①　　C. ④②③⑤①　　D. ②③⑤①④

二、判断题

1. 算法是程序设计的"灵魂"。（　　　）

2. 解决问题的过程就是实现算法的过程。（　　　）

3. 算法独立于任何具体的语言，但是 Java 算法只能用 Java 语言来实现。（　　　）

4. 程序设计就是寻求解决问题的方法，并将其实现步骤编写成计算机可以执行的程序的过程。（　　　）

5. 程序设计语言的发展经历了机器语言、汇编语言、高级语言的过程。（　　　）

6. 计算机程序就是指计算机如何去解决问题或完成一组可执行指令的过程。（　　　）

7. 求解某一类问题的算法是唯一的。（　　　）

8. 算法必须在有限步数的操作之后停止。（　　　）

9. 算法的每一步操作必须是明确的，不能有歧义或语义模糊。（　　　）

10. 算法执行后一定产生确定的结果。（　　　）

11. 同一问题不同的算法会得到不同的结果。（　　　）

12. Java 语言不区分大小写。（　　　）

三、填空题

1. 书写算法有 4 种语句，包括 _____、_____、_____和_____。

2. 写出求 1+2+3+4+5+6…+100 的一个算法。可运用公式 1+2+3+…+ n=n*(n+1)/2 直接计算。

第一步：_____。

第二步：_____。

第三步：输出计算结果。

3. 已知一个学生的语文成绩为 89，数学成绩为 96，外语成绩为 99。求他的总分和平均成绩的一个算法如下。

第一步：取 A=89 ，B =96　C=99。

第二步：_____。

第三步：_____。

第四步：输出计算的结果。

四、应用题

1. 已知正四棱锥的底面边长为 3，高为 4，设计一个算法求正四棱锥的体积和表面积，并画出相应的流程图。

2. 在超市购物，假设标价不超过 100 时按九折付款，如标价超过 100 元，则超过部分按七折付款，写出超市收款的算法，并画出相应的流程图。

3. 一个三位数，各位数字互不相同，十位数字比个位、百位数字之和还要大，且十位、百位数字不是素数，设计算法，找出所有符合条件的三位数，要求画出流程图。

4. 已知一个三角形三条边的边长分别为 a、b、c，设计一个算法求它的面积，并画出相应的流程图。

第**2**章

顺序结构

【学习情境】 使用顺序结构编写几何图形公式记忆系统中的图形计算功能。

【问题描述】

由于几何图形的公式繁多且不好记忆，为了让学生能快速并轻松地记住这些公式，A 学校决定开发一个几何图形公式记忆系统，通过完成趣味试题，采用游戏通关的方式，帮助学生轻松记住几何图形的公式。现在需要完成以下任务来实现几何图形公式记忆系统。

【任　　务】 实现图形计算功能，写出关键算法并绘制流程图。

编写程序输入一个正方体的边长 a，再计算正方体的体积。

【要　　求】 结果保留两位小数。

2.1 常量和变量

Java程序中所处理的数据通常表现为两种形式：常量和变量。

1. 常量

Java中不可改变的量就是常量，常量也可以根据数据的类型划分为不同类型的常量。

①整型常量，有十进制（直接写阿拉伯数字，如123）、八进制（以0开头，如0123）和十六进制（以0x开头，如0x123）。

②实型常量，有单精度常量（实型数据后带上f或F，如3.14f）和双精度常量（直接写带小数点的实数，如3.14）。

③字符常量，使用单引号定界符，如'b'。

④逻辑常量，true和false。

⑤字符串常量，使用双引号定界符，如"Java"。

在Java语言中，利用final关键字来定义的常量叫作符号常量，例如，**final double** PI = 3.1415927;。当常量被设定后，一般情况下就不允许再进行更改。定义符号常量有以下几点要注意：

①必须要在常量声明时对其进行初始化。

②final表示最终的，不能再被改变。

③符号常量通常用大写字母表示。

2. 变量

变量表示能够改变的量，是指内存中的存储区域，存储变量值的这个区域要有自己的名称（变量名）、类型（数据类型）、值和作用域，同时这个区域内保存的数据可以在相同数据类型的不同值之间发生改变。

Java变量名的基本命名法则如下：

①可以以下划线、字母和美元符开头。

②后面跟下划线、字母、美元符及数字。

③没有长度限制（但也不能太长）。

④对大小写敏感（意思是大小写代表不同含义）。

⑤不能是Java的保留字，如public、void、if等。

通常使用驼峰命名法则给变量名命名，即：变量名必须为有意义的单词；变量名如果只有一个单词，则全部小写；如果有2个及多个单词，则从第二个单词开始首字母大写，其余字母小写。

【例2-1】根据圆的半径，计算圆的面积。注：PI = 3.1415927。

（1）解题思路

本例解题的几个关键点如下：

①定义表示 PI 的常量，通常使用大字字母；

②输入表示半径变量 r 的值；

③通过圆的面积公式计算圆的面积；

④输出计算结果。

（2）程序流程图

流程图是编程的思路，要养成先画流程图，再动手写代码的习惯。因此，不管流程图简单与否，本书所有示例都配有流程图。本例的程序流程图如图 2-1 所示。

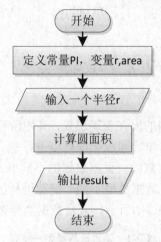

图 2-1   【例 2-1】程序流程图

（3）Java 源代码

```java
package com.csmz.chapter02.example;
import java.util.Scanner;
public class Example01 {
    public static void main(String[] args) {
        final double PI = 3.1415927;                    // 定义 PI 为圆周率常量
        Scanner scanner = new Scanner(System.in);
        System.out.print("请输入圆的半径：");              // 输入提示
        int r = scanner.nextInt();                       // 从键盘输入圆半径
        double area = PI * r * r;                         // 计算圆面积
        System.out.println("圆面积是：" + area);           // 输出结果
        scanner.close();
    }
}
```

程序运行结果如下：

请输入圆的半径：10

圆面积是：314.15927

练一练

1. 下面正确的八进制常量是（　　　）。

　A. 08　　　　　B. 07　　　　　C. 7　　　　　　D. 2

2. 下面正确的十六进制常量是（　　　）。

　A. 08　　　　　B. 0xG　　　　C. 0xF　　　　　D. 16

3. 下面的数据类型是 float 型的是（　　　）。

　A. 33.8　　　　B. 129a　　　　C. 89L　　　　　D. 8.6F

4. 下面变量声明正确的是（　　　）。

　A. int 1A;　　B. int _A;　　C. int public;　　D. int #A;

2.2　数据类型

Java 中的数据类型是指数据的内在表现形式，其中所有的数据都有一个固定的数据类型。例如，Java 中记录的学生的年龄和成绩都可以进行加、减等运算，但对学生的姓名这样的数据是不能进行任何算术运算的。根据数据的不同形式，Java 中分为两类数据类型：基本数据类型和复合数据类型。数据类型不同，能够进行的运算也不同，存储的形式也不一样。Java 的基本数据类型如表 2-1 所示，复合数据类型在后面的章节中会提到。

表 2-1　基本数据类型一览表

类　型	关 键 字	占用内存空间	备　　注
整型	byte	8 bits	用途：表示和处理整数 常量值：037（八进制）、31（十进制）、0xff（十六进制）
	short	16 bits	
	int	32 bits	
	long	64 bits	
浮点型	float	32 bits	用途：表示和处理浮点数（即实数） 常量值：1.2f（float），1.23．1.23d（double）
	double	64 bits	
字符型	char	16 bits	用途：表示和处理单个字符 常量值：'0'、'a'、'\n'
布尔型	boolean	4bits	用途：表示和处理布尔数据 常量值：true（真）、false（假）

2.2.1　整型数据

整数类型的数据在 Java 中被称为整型数据。根据占用的内存空间大小的不同，整型数据可以分为 4 种，它们是 long（长整型）、int（整型）、short（短整型）和 byte（字节型），定义整型变量时默认为 int 类型。4 种整型数据的所占内存位数和值范围如表 2-2 所示。

表 2-2　整数类型数据

类　　型	所占内存位数	值　范　围
byte	8	$-128\sim127$（$-2^7\sim2^7-1$）
short	16	$-32768\sim32767$（$-2^{15}\sim2^{15}-1$）
int	32	$-2147483648\sim2147483647$（$-2^{31}\sim2^{31}-1$）
long	64	$-9223372036854775808\sim9223372036854775807$（$-2^{63}\sim2^{63}-1$）

注意：在实际应用当中，经常需要根据具体的情况使用不同的数据类型。思考一下，国家人口总数应该使用什么类型？如果是表示全球人口呢？

【例 2-2】请根据学生的出生年份计算学生的年龄。

（1）解题思路

本例解题的几个关键点如下：

①输入学生出生年份；

②计算学生年龄，当前年份减去出生的年份即年龄；

③输出计算结果。

（2）程序流程图

本例程序流程图如图 2-2 所示。

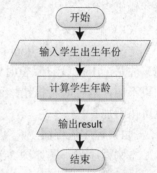

图 2-2　【例 2-2】程序流程图

（3）Java 源代码

```java
package com.csmz.chapter02.example;
import java.util.Scanner;
public class Example02 {
    public static void main(String[] args) {
        Scanner scanner=new Scanner(System.in);
        System.out.print("请输入学生的出生年份：");
        int year=scanner.nextInt();
        int age=2019-year;
        System.out.println("该学生的年龄是："+age);
        scanner.close();
    }
}
```

程序运行结果如下：

请输入学生的出生年份：2001

该学生的年龄是：18

2.2.2　实型（浮点型）数据

实型（浮点型）数据表示的是现实生活中有小数的数据，在 Java 中，这样的数据不叫小数，而被称为浮点型数据或者实型数据。根据数据占用的内存空间位数的不同，实型（浮点型）被划分为单精度 float 型和双精度 double 型两种。两种浮点型数据的所占内存位数和值范围如表 2-3 所示。

表 2-3　实型数据

类　型	所占内存位数	值 范 围
float	32	1.4E-45~3.4E38
double	64	4.9E-324~1.8E308

Java 默认的浮点类型是双精度 double 型，在需要使用 float 单精度型数据时，必须在数值后面跟上 f 或者 F。使用后缀 d 或者 D 可以表示双精度 double 型，但这可以省略。

【例 2-3】float 型和 double 型数据示例：定义实型数据并输出它们。

（1）解题思路

定义 float 变量和 double 变量，并赋值，最后输出它们。注意：float 变量赋值时必须在数据后面加上 f 或 F，如果不加，运行时将报错；而 double 变量可以加 d 或 D，也可以不加。

（2）程序流程图

本例程序流程图如图 2-3 所示。

（3）Java 源代码

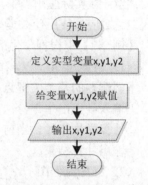

图 2-3　【例 2-3】程序流程图

```
package com.csmz.chapter02.example;
public class Example03 {
    public static void main(String[] args) {
        float x = 3.5f;          // 定义单精度浮点数
        double y1 = 6.33;        // 定义不带后缀的双精度浮点数
        double y2 = 6.33D;       // 定义带后缀的双精度浮点数
        System.out.println("单精度浮点数为" + x);
        System.out.println("双精度浮点数为" + y1);
        System.out.println("双精度浮点数为" + y2);
    }
}
```

程序运行结果如下：

单精度浮点数为 3.5

双精度浮点数为 6.33

双精度浮点数为 6.33

从上述程序中可以看出，浮点实数的默认类型是 double 型。若需要使用 float 型数据则必须显式表示，在一个实型常量的后面加一个字母 f 或 F。因此在使用实数时必须分清它是 float 型还是 double 型，例如，语句 float f = 3.45;在编译时将会产生错误。

2.2.3　字符型数据

字符型数据就是用于存储字符的数据类型，字符型数据 char 由一对单引号包括起来，例如'A'，字符型数据的取值范围是 0~65535。其中，以\开头的多个字符可以表示一个转义字符，比如，'\r'表示回车，'\n'表示换行，等等，若写出一个不存在的转义字符，则会报错。转义字符一览表如表 2-4 所示。

表 2-4 转义字符一览表

转义字符	描 述
\ddd	1～3 位 8 进制数据所表示的字符（ddd）
\uxxxx	1～4 位 16 进制数所表示的字符（xxxx）
\'	单引号字符（\u0027）
\"	双引号字符（\u0022）
\\	反斜杠字符（\u005C）
\r	回车（\u000D）
\n	换行（\u000A）
\f	走纸换页（\u000C）
\t	横向跳格（\u0009）
\b	退格（\u0008）

【例 2-4】字符型数据示例：定义字符变量，使用字符常量、字符的 ASCII 码、转义字符给它们赋初始值，并输出它们。

（1）解题思路

给字符变量赋值有以下方法：

①字符常量，如'a'；

②使用表 2-4 中的转义字符，如'\u0022'；

③字符的 ASCII 码，如 65 是'A'的 ASCII 码。

要注意示例中\n 和\\n 的使用区别。

（2）程序流程图

本例程序流程图如图 2-4 所示。

（3）Java 源代码

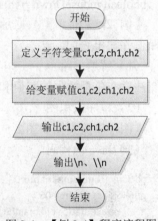

图 2-4 【例 2-4】程序流程图

```
package com.csmz.chapter02.example;
public class Example04 {
    public static void main(String[] args) {
        char c1 = 'a';
        char c2 = '\u0022';      // 转义字符
        char ch1 = 65;           // 字符'A'的 ASCII 码
        char ch2 = '0';
        System.out.println(c1 + "," + c2 + "," + ch1 + "," + ch2);
        System.out.println("欢迎加入\n 软件学院");
        System.out.println("欢迎加入\\n 软件学院");
    }
}
```

程序运行结果如下：

a,",A,0

欢迎加入

软件学院

欢迎加入\n 软件学院

\n 在一个字符串中起到的作用是输出时换行，但是如果想输出字符串"\n"，也需要使用转义字符，在\n 前面增加一个\，这样就能将\n 作为字符串输出了。

2.2.4　布尔型数据

布尔类型（boolean）数据只有两个值，true 和 false，是用来存储逻辑值真假的数据类型。布尔类型数据大量运用在控制语句和关系运算中，控制语句和关系运算将在第 3 章中学习。

布尔型变量的定义方法如下：

boolean isOk = true;

boolean mouseDown = false;

【例 2-5】布尔型数据示例：定义布尔型变量，给它们赋值并输出它们。

（1）解题思路

注意布尔型数据的赋值和输出。

（2）程序流程图

本例程序流程图如图 2-5 所示。

（3）Java 源代码

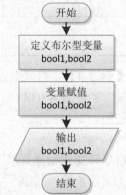

图 2-5　【例 2-5】程序流程图

```java
package com.csmz.chapter02.example;
public class Example05 {
    public static void main(String[] args) {
        boolean bool1 = true;
        boolean bool2 = false;
        System.out.println(bool1);
        System.out.println(bool2);
    }
}
```

程序运行结果如下：

true

false

2.2.5　字符串类型数据

顾名思义，字符串就是用双引号包括起来的 0 个或多个字符。字符串 String 类型数据是 Java 中一个比较特殊的类，字符串即 String 类，它不是 Java 的基本数据类型之一，但可以像基本数据类型一样使用,声明与初始化等操作都是相同的,是程序经常处理的对象。String 类的使用请参看"附录 B Java 常用方法列表"。

StringBuffer 类和 String 类一样可以存储和操作字符串,String 类是字符串常量,是不可更改的常量,而 StringBuffer 是字符串变量,它的对象是可以扩充和修改的。

【例 2-6】字符串类型数据示例:分别定义 String、StringBuffer 字符串类型对象,给它们赋值并输出;输入两个字符串,并将两个字符串合并。

(1)解题思路

本例解题的几个关键点如下。

① String、StringBuffer 字符串类型对象的定义、赋值和输出。

② 将两个字符串连接,输出连接后的结果。

(2)程序流程图

本例程序流程图如图 2-6 所示。

(3)Java 源代码

图 2-6　例 2-6 程序流程图

```java
package com.csmz.chapter02.example;
public class Example06 {
    public static void main(String[] args) {
        String str1 = new String("software development");
        String str2 = "software development";
        System.out.println(str1 + " , " + str2);
        StringBuffer str3 = new StringBuffer("Beijing");
        StringBuffer str4 = new StringBuffer("Changsha");
        System.out.println(str3 + " , " + str4);
        String s1 = "Java";
        String s2 = "程序设计";
        String s3 = s1 + s2;
        System.out.println(s3);
    }
}
```

程序运行结果如下:

software development , software development

Beijing , Changsha

Java 程序设计

练一练

1. 下列 Java 语句中,不正确的一项是（　　）。

    A. int i, j, k = 3;　　B. char a, b ='a';　　C. float d = 10.0d;　　D. float c = 10.0f;

2. 下面哪个是 int 型的取值范围？（ ）。

    A. $-2^7 \sim 2^7-1$ B. $0 \sim 2^{32}-1$ C. $-2^{15} \sim 2^{15}-1$ D. $-2^{31} \sim 2^{31}-1$

3. 下面哪个不是 Java 中正确的字符串？（ ）

    A. "\"\""   B. "0xccc"   C. "\"\"   D. "\t\t\r\n"

2.3 类型转换

在 Java 语言中，遇到不同数据类型同时操作时，需要进行数据类型转换才能继续。在转换过程当中，数据必须是可以兼容的数据类型才能够相互进行转换，否则不能成功，比如，可以将 char 类型转换成整型，但是不能将布尔型转换成整型。Java 语言中有自动类型转换和强制类型转换两种转换方式。

2.3.1 自动类型转换

在【例 2-1】中，程序定义了表示半径的变量 r 为 int 类型，计算结果圆的面积 area 是 double 双精度浮点型，这里就用到了自动类型转换。所以，当整型、实型和字符型数据在进行运算时，不同数据类型的值会先转换成相同类型，再进行运算。转换的规则是从低级到高级，从占用内存位数少的到占用位数多的，转换示例如下：

（低）byte → short → char → int → long → float → double（高）

不同数据类型进行自动转换的规则如表 2-5 所示。

表 2-5 数据类型自动转换规则

类型 1	类型 2	结果数据类型
byte, short	int	int
byte, short, int	long	long
byte, short, int, long	float	float
byte, short, int, long, float	double	double
char	int	int

需要注意的是，int 整型数据自动转换成 float 浮点型数据时，值可能发生变化。计算机内是没有浮点数据的，浮点数是靠整数计算出来的，比如，1/2 就是浮点数的 0.5，这样就导致了自动转换的过程存在误差，【例 2-7】的程序说明了这个原理。

【例 2-7】自动转换类型示例：定义短整型变量并赋值，然后将该值赋值给整型变量；定义长整型变量并赋值，然后将该值赋值给双精度类型变量；定义单精度类型变量并赋值，然后将该值赋值给双精度类型变量，最后输出它们。

（1）解题思路

定义不同类型的变量，给它们赋值，使用数据类型自动转换原则，输出结果。

（2）程序流程图

本例程序流程图如图 2-7 所示。

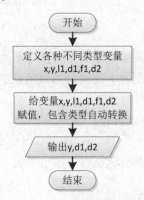

图 2-7　【例 2-7】程序流程图

（3）Java 源代码

```java
package com.csmz.chapter02.example;
public class Example07 {
    public static void main(String[] args) {
        short x = 5;            // 定义短整型变量 x
        int y = x;             // 短整型自动转换为整型
        long l1 = 435L;        // 定义长整型变量 l1
        double d1 = l1;        // 长整型自动转换为双精度浮点数
        float fl = 4.2f;       // 定义单精度类型变量 f1
        double d2 = fl;        // 单精度浮点数自动转换为双精度浮点数
        System.out.println("短整型自动转换为整型：" + y);
        System.out.println("长整型自动转换为双精度浮点数：" + d1);
        System.out.println("单精度数自动转换为双精度数：" + d2);
    }
}
```

程序运行结果如下：

短整型自动转换为整型：5

长整型自动转换为双精度浮点数：435.0

单精度数自动转换为双精度数：4.199999809265137

程序说明：从程序运行的结果不难发现，自动转换过程中有数据误差出现。

2.3.2　强制类型转换

从低级类型数据可以自动转换成高级类型数据，但是反过来从高级类型数据转换成低级类型数据时是无法完成自动转换的，需要进行强制类型转换。强制类型转换的语法格式如下：

(type)value

这里的 type 是强制类型转换后的数据类型，例如，下列语句就是将整型数据强制变成字符型，并赋值给字符变量 c。

```
char c;
int d;
c = (char)d;
```

在强制转换过程中，如果是高级类型数据转换为低级类型数据，数值相应地从大范围变为小范围，当数值很大的时候，强制转换可能会造成数据的丢失。

【例 2-8】不同数据类型的混合运算。

（1）解题思路

定义不同类型的数据，执行强制转换后，输出结果。

（2）程序流程图

本例程序流程图如图 2-8 所示。

（3）Java 源代码

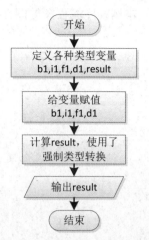

图 2-8 【例 2-8】程序流程图

```java
package com.csmz.chapter02.example;
public class Example08 {
    public static void main(String args[]) {
        byte b1 = 50;
        int i1 = 6;
        float f1 = 7.59f;
        double d1 = 1.5678;
        int result = (int) f1 * b1 + i1 / (int) d1;
        System.out.println("result = " + result);
    }
}
```

程序运行结果如下：

result = 356

练一练

1. 下列语句片段中，a3 的值为（　　）。

   ```
   int a1 = 3;
   char a2 = '1';
   char a3 = (char)(a1 + a2);
   ```
   A．3　　　　　　　　B．1　　　　　　　C．31　　　　　　　D．4

2. 以下哪种情况不能实现自动转换（　　）。

   A．byte 转 int　　　B．int 转 byte　　　C．int 转 long　　　D．float 转 double

3. 下列关于自动类型转型的说法中，正确的是（　　）。

   A．char 类型数据可以自动转换为任何简单的数据类型的数据

   B．char 类型数据只能自动转换为 int 类型数据

   C．char 类型数据不能自动转换 boolean 类型数据

   D．char 类型不能进行自动类型转换

2.4　运算符和表达式

运算符和数学运算差不多，在 Java 语言当中提供了丰富的运算符，表达式就是数据和运算符相结合的式子。

2.4.1　算术运算符

算术运算符就是可以进行数学计算的运算符，其中有数学计算中最基本的+、−、*、/，还有%（求余运算）。这些运算符的使用非常简单，和数学计算中的规则类似。

【例 2-9】算术运算符示例：计算两个数的和、差、积、商。

（1）解题思路

定义两个整型变量 x、y 并给它们赋值，计算它们的和、差、积、商，并输出。

（2）程序流程图

本例程序流程图如图 2-9 所示。

（3）Java 源代码

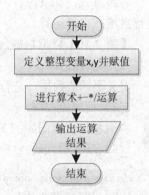

图 2-9　【例 2-9】程序流程图

```java
package com.csmz.chapter02.example;
public class Example09 {
    public static void main(String[] args) {
        int x = 9;                  // 定义整型变量
        int y = 15;
        int add = x + y;            // 加法运算
        int subtract = x - y;       // 减法运算
        int multiply = x * y;       // 乘法运算
        int divide = y / x;         // 除法运算
        System.out.println("算术加法运算结果: " + add);
        System.out.println("算术减法运算结果: " + subtract);
        System.out.println("算术乘法运算结果: " + multiply);
        System.out.println("算术除法运算结果: " + divide);
    }
}
```

程序运行结果如下：

算术加法运算结果：24

算术减法运算结果：−6

算术乘法运算结果：135

算术除法运算结果：1

2.4.2 自增自减运算符

自增运算符++和自减运算符--是一种特殊的算术运算符，普通运算符中需要两个操作来完成运算，称为二元运算符，而自增/自减运算符只需要一个操作数，所以被称为一元运算符。自增运算表示操作数增加 1，自减运算表示操作数减去 1。自增自减运算符根据执行的顺序不同，使用方式分为前缀方式和后缀方式两种：

前缀方式：如++i、--i，优先执行自增或自减运算，再进行其他运算。

后缀方式：如 i++、i--，优先执行其他运算，最后进行自增或自减运算。

【例 2-10】自增自减运算符示例。

（1）解题思路

定义不同的数据，进行自增自减运算后，输出结果。

（2）程序流程图

本例程序流程图如图 2-10 所示。

（3）Java 源代码

图 2-10 【例 2-10】程序流程图

```java
package com.csmz.chapter02.example;
public class Example10 {
    public static void main(String[] args) {
        int x = 2;              //定义变量
        int z = 30;
        int a = 5;
        int y = 3 * ++x;        //自增前缀运算
        int b = z / a--;        //自减后缀运算
        System.out.println("自增前缀运算结果： " + y);
        System.out.println("自减后缀运算结果： " + b);
        System.out.println("自增后的 x： " + x);
        System.out.println("自减后的 a： " + a);
    }
}
```

程序运行结果如下：

自增前缀运算结果：9

自减后缀运算结果：6

自增后的 x：3

自减后的 a：4

程序说明如下：

①对前缀运算++i 的理解：注意表达式有一个值，i 有一个值，先将 i+1 赋值给表达式，i＝i+1；--i 的运算类似。

②对后缀运算 i++的理解：同样表达式有一个值，i 有一个值，先取 i 赋值给表达式，

i = i + 1；i--的运算类似。

③先思考例题中 y、b、x、a 的结果，与输出结果进行对比。

2.4.3　位运算符

在 Java 中，所有的整数都是以二进制的形式进行保存的，也就是由 0 和 1 来表示，每个数字占一位。位运算符就是针对二进制位进行运算的，其操作数是整数类型，结果也是整数类型。Java 语言中的位运算符如表 2-6 所示。

表 2-6　位运算符

运　算　符	实际操作	例　　子
~	按位取反	~x
&	与	x&y
|	或	x|y
^	异或	x^y
<<	左移	x<<y
>>	右移	x>>y
>>>	逻辑右移（无符号右移）	x>>>y

☑　非（~）：操作数每一位取反。

☑　与（&）：操作数对应位都是 1，结果为 1，否则为 0。

☑　或（|）：操作数对应位都是 0，结果为 0，否则为 1。

☑　异或（^）：操作数对应位的值不同为 1，值相同为 0。

☑　左移运算符（<<）：将操作数 x 的二进制位依次左移 y 位。注意：在不产生溢出的情况下，左移 1 位相当于乘以 2，由此可见，用左移来实现乘法比乘法运算速度要快。

☑　右移运算符（>>）：将操作数 x 的二进制位依次右移 y 位，移出的低位将被舍弃，最高位使用符号位。注意：正整数 x 右移 1 位相当于 x/2，负数的奇数 x 右移一位相当于(x-1)/2，因此用右移来实现除法比除法运算速度要快。

☑　逻辑右移运算符（>>>）：和右移运算相似，注意在填充时，不管操作数是正或者是负，都将使用 0 来填充，所以对于正整数来说，和右移没有区别，对于负整数来说将会得到一个很大的正整数。

【例 2-11】位运算符示例。

（1）解题思路

定义不同类型的数据，执行位运算后，输出结果。

（2）程序流程图

本例程序流程图如图 2-11 所示。

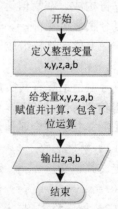

图 2-11　【例 2-11】程序流程图

（3）Java 源代码

```java
package com.csmz.chapter02.example;
public class Example11 {
    public static void main(String[] args) {
        int x = 12;              //二进制后四位是 1100
        int y = 5;               //二进制后四位是 0101
        int z = x & y;           //执行按位与操作
        int a = 7 << 1;          //数值 7(0101)左移一位
        int b = 6 >> 1;          //数值 6(0110)右移一位
        System.out.println("执行按位与操作的结果是： " + z);
        System.out.println("执行左移结果是： " + a);
        System.out.println("执行右移的结果是： " + b);
    }
}
```

程序运行结果如下：

执行按位与操作的结果是：4

执行左移结果是：14

执行右移的结果是：3

2.4.4 赋值运算符

赋值运算符就是把数据赋值给一个变量，具有右结合性。

1. 赋值运算符

赋值运算符=是将一个数据赋给一个变量，如果赋值运算符两侧的数据类型不一致，且左侧变量的数据类型的级别高于右侧的数据，则先将右侧数据转换为与左侧相同的高级数据类型，然后再赋值给左侧变量，否则需要使用强制类型转换运算符。

2. 复合赋值运算符

在 Java 语言中可以使用复合赋值运算符，也就是在赋值运算符之前加上算术运算符或位运算符构成。在赋值运算符之前加上算术运算符就组成了复合赋值运算符+=、−=、*=、/=和%=。在赋值运算符之前加上位运算符组成了复合赋值运算符&=、|=、^=、<<=、>>=和>>>=。

复合赋值运算符其实是表达式的一种缩写，例如：x += 5 等价于 x = x + 5。

【例 2-12】复合赋值运算符示例。

（1）解题思路

定义整型变量 x、y、z，并赋初始值，使用复合赋值运算（+=、−=、*=、/=）执行赋值运算后，输出结果。

（2）程序流程图

本例程序流程图如图 2-12 所示。

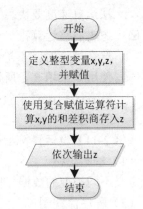

图 2-12　【例 2-12】程序流程图

（3）Java 源代码

```java
package com.csmz.chapter02.example;
public class Example12 {
    public static void main(String[] args) {
        int x = 6;                          //初始化 x
        int y = 2;                          //初始化 x
        int z = 1;                          //初始化 z
        z += x;                             //相当于执行 z=z+x
        System.out.println("执行+=后的结果是：" + z);
        z -= y;                             //相当于执行 z=z-y
        System.out.println("执行-=后的结果是：" + z);
        z *= x + y;                         //相当于执行 z=z*(x+y)
        System.out.println("执行*=后的结果是：" + z);
        z /= x - y;                         //相当于执行 z=z/(x-y)
        System.out.println("执行/=后的结果是：" + z);
    }
}
```

程序运行结果如下：

执行+=后的结果是：7

执行-=后的结果是：5

执行*=后的结果是：40

执行/=后的结果是：10

 练一练

1. 下面的代码段中，执行之后 i 和 j 的值分别是（　　）。

   int i = 1; int j;

   j = i++;

   A. 1，1　　　　　　　B. 1，2　　　　　　　C. 2，1　　　　　　　D. 2，2

2. 设 x = 5；则 y = x-- 和 y = --x 的结果，y 分别是（　　）。

   A. 5，5　　　　　　　B. 4，5　　　　　　　C. 5，4　　　　　　　D. 4，4

3. 下列运算符合法的是（　　）。

   A. +=　　　　　　　　B. <>　　　　　　　　C. if　　　　　　　　D. :=

2.5　顺序结构编程思想

在程序设计中，顺序结构是最简单的、也是最常用的程序结构，只需要按照要求依次写出相应的语句就行。程序执行的顺序是自上而下，依次执行，如图 2-13 所示，每条语句被均等地执行 1 次。

1．编写程序的思路

通常一个程序的编写包括这样几个步骤：定义变量、输入、处理和输出。在一个程序中，前 3 个步骤可以没有，但输出是必不可少的。从输出中可以了解程序的执行过程，可以在想要知道程序结果的地方加上输出，看看是否是想要的输出结果，从而达到调试程序的目的。在 Java 程序中，变量的定义不一定是在程序的最开始位置。

初学者从自己动手编写代码开始，先解决语法错误的调试，按照"调试→观看运行结果→理解代码"的顺序学习编程。

2．Java 的输入和输出

Java 语言中没有输入输出语句，Java 的输入和输出是通过流来实现的，流的原理需要在后续学习 Java 面向对象时再详细介绍。

图 2-13　顺序结构流程图

在前面学习和使用到的输出方法如下：

①System.out.println(); 可以换行输出括号里的内容；

②System.out.print(); 可以在一行内输出括号里的内容；

③System.out.printf("%s:%d", name, age); 使用类似于 C 语言的输出格式进行格式输出。

输入则是通过 Scanner sc = new Scanner(System.in);定义一个 Scanner 对象 sc，然后通过 sc 对象的若干方法来实现的，如 nextInt()等，可以输入 int、float、double、字符串等数据类型的数据。输入一个英文字符，可以使用 System.in.read();方法实现。

3．顺序结构程序示例

```java
package com.csmz.chapter02.example;
public class Test {
    public static void main(String[] args) {
        int x = 20;
        int y = 10;
        System.out.println("x=" + x + ",y=" + y);      // 输出为 x=20,y=10
        System.out.println(x + y);                      // 输出为 30
        System.out.println("sum=" + x + y);             // 输出为 sum=2010
        System.out.println("sum=" + (x + y));           // 输出为 sum=30
    }
}
```

4．养成良好的编程习惯

良好的编程习惯在程序员生涯中非常重要，在入门学习的时候就要注意培养良好的编程习惯，认真体会并坚持。良好的编程习惯主要有：类名、变量名、函数名等标识符按一定规则命名且名字有一定的意义；代码被嵌套部分低格书写；适当地加上注释等。

【例 2-13】输入三个数，分别是三角形的三条边 a、b、c，请编程求出该三角形的面积。注意：假设输入数据是合法的。

（1）解题思路

本题为顺序程序，比较简单。输入三角形的三条边长，使用海伦公式计算三角形的面积。题目的输入数据合法，此处不进行合法性判断。海伦公式：$p = (a + b + c) / 2$，三角形的面积 $area = \sqrt{p * (p - a) * (p - b) * (p - c)}$。

（2）流程图

本例程序流程图如图 2-14 所示。

（3）参考代码

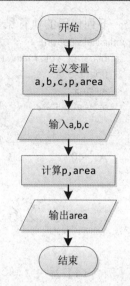

图 2-14　【例 2-13】程序流程图

```java
package com.csmz.chapter02.example;
import java.util.Scanner;
public class Example13 {
    public static void main(String[] args) {
        Scanner sc = new Scanner(System.in);
        System.out.print("请输入三角形的三条边长：");
        double a = sc.nextDouble();
        double b = sc.nextDouble();
        double c = sc.nextDouble();
        // 海伦公式计算三角形的面积
        double p = (a + b + c) / 2;
        double area = Math.sqrt(p * (p - a) * (p - b) * (p - c));
        System.out.println("三角形的面积为：" + area);
    }
}
```

程序运行结果如下：

请输入三角形的三条边长：3 4 5

三角形的面积为：6.0

练一练

1. 下列代码的执行结果是（　　）。

```java
public class Beirun{
  public static void main(String args[]){
    System.out.println(5 / 2);
  }
}
```

　　A. 2.5　　　　B. 2.0　　　C. 2.50　　　D. 2

2. 下列代码的执行结果是（　　　）。

```java
public class Beirun{
    public static void main(String args[]){
        float t=9.0f;
        int q=5;
        System.out.println((t++) * (--q));
    }
}
```

A. 40　　　　　B. 40.0　　　　　C. 36　　　　　D. 36.0

2.6　顺序结构编程综合实例

【例 2-14】解决"学习情境"中的问题：由于几何图形的公式繁多且不好记忆，为了让学生能快速并轻松地记住这些公式，A 学校决定开发一个几何图形公式记忆系统，通过完成趣味试题，采用游戏通关的方式，帮助学生轻松记住几何图形的公式。现在需要完成以下任务来实现几何图形公式记忆系统。

任务：实现图形计算功能，写出关键算法并绘制流程图。

编写程序输入一个正方体的边长 a，再计算正方体的体积。

要求：结果保留两位小数。

（1）解题思路

本题为顺序程序设计，输入立方体的边长，然后计算体积，最后输出体积。这里的关键点是输出结果保留两位小数，有两种输出方法，方法一是 System.out.printf("正方体的体积为：%.2f", v);，方法二是 System.out.println(String.format("正方体的体积为：%.2f", v));。

（2）程序流程图

本例程序流程图如图 2-15 所示。

（3）参考代码

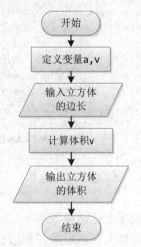

图 2-15　【例 2-14】程序流程图

```java
package com.csmz.chapter02.example;
import java.util.Scanner;
public class Example14 {
    public static void main(String[] args) {
        Scanner sc = new Scanner(System.in);
        System.out.print("请输入正方体的边长：");
        double a = sc.nextDouble();
        double v = a * a * a;
        // 输出方法一
```

```
            System.out.printf("正方体的体积为：%.2f", v).println();
            // 输出方法二
            System.out.println(String.format("正方体的体积为：%.2f", v));
            sc.close();
        }
}
```

程序运行结果如下：

请输入正方体的边长：10

正方体的体积为：1000.00

正方体的体积为：1000.00

【例 2-15】实现图形计算功能：输入两个数，分别是圆柱体的底圆半径 r 和高 h，请编程求出该圆柱的表面积。

注意：PI=3.14。输出结果保留两位小数。

（1）解题思路

本题为顺序程序，比较简单。输入圆柱体的底圆半径和高，然后计算体积，最后输出体积。输出结果保留两位小数，方法参考【例 2-14】。

（2）程序流程图

本例程序流程图如图 2-16 所示。

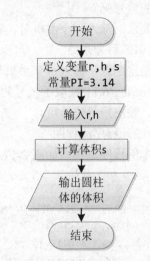

图 2-16　【例 2-15】程序流程图

（3）参考代码

```
package com.csmz.chapter02.example;
import java.util.Scanner;
public class Example15 {
    public static void main(String[] args) {
        double PI = 3.14;
        Scanner sc = new Scanner(System.in);
        System.out.print("请输入圆柱体底圆的半径：");
        double r = sc.nextDouble();
        System.out.print("请输入圆柱体的高：");
        double h = sc.nextDouble();
        double s = PI * r * r * h;
        System.out.printf("圆柱体的体积为：%.2f", s);
        sc.close();
    }
}
```

程序运行结果如下：

请输入圆柱体底圆的半径：10

请输入圆柱体的高：10

圆柱体的体积为：3140.00

【例 2-16】大家都知道，手机号是一个 11 位长的数字串，同时作为学生，还可以申请加入校园网，如果加入成功，用户将另外拥有一个短号。假设所有的短号都是 6+手机号的后 5 位，比如，号码为 13512345678 的手机，对应的短号就是 645678。

现在，如果给你一个 11 位长的手机号码，你能找出对应的短号吗？

要求：输入一个手机号，输出对应的手机短号。

（1）解题思路

根据题意，输入一个手机号码，使用 String 类的函数 substring(6,11)截取手机号码的后 5 位，与 6 拼接成短号码，输出短号码即可。

（2）程序流程图

本例程序流程图如图 2-17 所示。

（3）参考代码

图 2-17　【例 2-16】程序流程图

```java
package com.csmz.chapter02.example;
import java.util.Scanner;
public class Example16 {
    public static void main(String[] args) {
        System.out.print("请输手机号码: ");
        Scanner scanner = new Scanner(System.in);
        String numOfPhone = scanner.next();
        String shortNum = 6 + numOfPhone.substring(6, 11);
        System.out.println("手机号码" + numOfPhone + "的短号码是：" + shortNum);
        scanner.close();
    }
}
```

程序运行结果如下：

请输手机号码: 13178542136

手机号码 13178542136 的短号码是：642136

2.7　习　　题

一、选择题

1. 下列语句不正确的是（　　）。

    A. float e=1.1f;　　B. char f=1.1f;　　C. double g=1.1f;　　D. byte h=1;

2．用 8 位无符号二进制数能表示的最大十进制数为（　　）。

    A．127　　　　　B．128　　　　　C．255　　　　　D．256

3．下列不属于 Java 语言的基本数据类型的是（　　）。

    A．int　　　　　B．String　　　　　C．double　　　　　D．boolean

4．执行表达式 int k5=1-2/5+2 后，k5 的结果是（　　）。

    A．4　　　　　B．3　　　　　C．5　　　　　D．2

5．下列关于整型类型的说法中正确的是（　　）。

    A．short 类型的数据存储顺序先低后高

    B．Integer.MAX_VALUE 表示整型最大值

    C．Long.MIN_VALUE 表示整型最大值

    D．long 类型表示数据范围和 int 类型一样

6．下列对于>>和>>>操作符描述正确的是（　　）。

    A．当左面的操作数是正数时，>>和>>>结果相同

    B．(-1 >> 1) 的结果是 0

    C．(-1 >>> 1) 的结果是-1

    D．只有在右面的操作数大于等于 1 时，>>>才会返回负数

二、判断题

1．_bank 能作为标识符的开始。（　　）

2．float f = 1.1 的书写格式是正确的。（　　）

3．Java 允许将一个十六进制值赋值给一个 long 型变量。（　　）

4．0xA 可以表示一个十六进制数。（　　）

5．i++是先取 i 的值，i 再+1。（　　）

三、填空题

1．在 java 语句中，位运算操作数只能为整型或_____数据。

2．byte 变量的取值范围是_____。

3．main()方法的返回类型是_____。

4．下面的代码段中，执行之后 i 的值是_____，j 的值是_____。

    int i = 5; int j;

    j =++i;

5．Java 是从_____语言改进重新设计。

四、编程题

1．已知一个摄氏温度，请编程计算其对应的华氏温度。

2．已知梯形的上底、下底和高，请编程计算梯形的面积。

3．已知球的半径，请编程计算它的体积。

第**3**章

选 择 结 构

【学习情境】 使用选择结构实现商品销售系统中的打折功能。

【问题描述】

随着网络和信息化的发展，电子商务越来越受到人们的欢迎。商品销售系统是电子商务中非常重要的业务支撑系统，它能够为企业和商家提供充足的信息和快捷的查询手段，能够让企业和商家了解自己的经营业绩和销售数据。现在需要完成以下任务来实现商品销售系统。

【任　　务】 实现打折功能的关键算法并绘制流程图。

编写程序计算购买图书的总金额：用户输入图书的定价和购买图书的数量，并分别保存到一个 float 和一个 int 类型的变量中，然后根据用户输入的定价和购买图书的数量，计算购书的总金额并输出。图书销售策略为：正常情况下按 9 折出售，购书数量超过 10 本打 8.5 折，超过 100 本打 8 折。

【要　　求】 使用分支结构实现上述功能。

3.1 关系运算符和逻辑运算符

选择结构（Selection Structure）又称为分支结构或选取结构。使用选择结构，能够在不同条件下执行相应的数据处理任务。选择结构中的条件通常由关系运算符（Relational Operators）和逻辑运算符（Logical Operators）构成，取值 true（真）或 false（假）。

3.1.1 关系运算符和逻辑运算符

1. 关系运算符

在很多情况下，关系运算符用于比较整型或浮点型数据之间的大小。由关系运算符连接的表达式称为关系表达式，如 a>b。关系表达式的结果值是布尔值，即 true 或 false。Java 语言提供了 6 种关系运算符及其示例，如表 3-1 所示。

表 3-1 关系运算符

运 算 符	描 述	示例（假设 x=5）
==	等于	x==8 为 false
!=	不等于	x!=8 为 true
>	大于	x>8 为 false
<	小于	x<8 为 true
>=	大于或等于	x>=8 为 false
<=	小于或等于	x<=8 为 true

提示：注意等于运算符（==）与赋值运算符（=）的区别，不要混用。运算符==和!=的优先级低于另外 4 个关系运算符，同一优先级中遵循自左至右的执行顺序。

2. 逻辑运算符

使用逻辑运算符可以将两个由关系运算符构成的简单条件组合为复合条件。复合条件表达式的值也是布尔值，即 true 或 false。Java 语言提供的逻辑运算符及其运算规则如表 3-2 所示。

表 3-2 逻辑运算符

运 算 符	描 述	示例（假设 x 为 6，y 为 8）
&&	and，与	(x < 10 && y > 1) 为 true
||	or，或	(x==5 || y==5) 为 false
!	not，非	!(x==y) 为 true

!运算符的优先级要高于&&和 ‖ ，&&的优先级又要高于 ‖ 。

在 Java 语言中，运算符&&和 ‖ 为短路运算符。如果&&运算符的第一个表达式为 false，

则第二个表达式就不会执行，如果 ‖ 运算符的第一个表达式为 true，则第二个表达式就不会执行。

3．布尔表达式

取值 true 或 false 的表达式称为布尔表达式。将逻辑运算符和关系运算符连接在一起的式子都是布尔表达式。

【例 3-1】布尔表达式应用示例 1：判断某一年是否为闰年。

（1）解题思路

判断闰年有一口诀：四年一闰，百年不闰，四百年再闰。具体计算方法如下：

①除以 4，能整除的一般是闰年，不能就是平年；

②像 1900 年这种末尾有 2 个 0 的一般也是平年；

③像 400，800，1200，1600，2000 年这种能被 400 整除的是闰年。

用 int 变量 year 表示年号，year 是闰年的布尔表达式为：

year % 4 == 0 && year % 100 != 0 ‖ year % 400 == 0

（2）程序流程图

本例程序流程图如图 3-1 所示。

（3）Java 源代码

```java
package com.csmz.chapter03.example;
import java.util.Scanner;
public class Example01 {
    public static void main(String[] args) {
        int year;
        Scanner sc = new Scanner(System.in);
        System.out.print("请输入一个年号：");
        year = sc.nextInt();
        boolean result = year % 4 == 0 && year % 100 != 0 || year % 400 == 0;
        System.out.println(result);
    }
}
```

程序运行结果如下：

请输入一个年份：2019

false

判断闰年表达式的结果为 true 或 false，将该结果赋值给布尔变量 result。

【例 3-2】布尔表达式应用示例 2：从键盘输入三角形的三条边长 a、b、c，判断能否组成一个三角形。

（1）解题思路

判断能否构成一个三角形的条件是：任意两边之和大于第三边。

用 int 变量 a、b、c 表示三边的长，该条件的 Java 布尔表达式为：

(a + b) > c && (b + c) > a && (a + c) > b

或

!((a + b) <= c || (b + c) <= a || (a + c) <= b)

（2）程序流程图

本例程序流程图如图 3-2 所示。

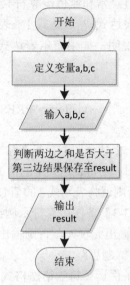

图 3-1 【例 3-1】程序流程图   图 3-2 【例 3-2】程序流程图

（3）Java 源代码

```java
package com.csmz.chapter03.example;
import java.util.Scanner;
public class Example02 {
    public static void main(String[] args) {
        int a, b, c;
        Scanner sc = new Scanner(System.in);
        a = sc.nextInt();
        b = sc.nextInt();
        c = sc.nextInt();
        boolean result = (a + b) > c && (b + c) > a && (a + c) > b;
        System.out.println(result);
        sc.close();
    }
}
```

程序运行结果如下：

请输入三角形的三条边：3 4 5

true

程序说明如下：

①输入 a、b、c 时，可以使用空格或回车符分隔。

②思考与练习：将解题思路中的另一个表达式换到程序中并观察结果。

3.1.2 条件运算符

在 Java 语言中，条件运算符（Conditional Operator）不仅可以实现简单的双分支选择结构，而且经常和赋值运算符共同构成赋值语句，其基本语法格式如下：

布尔表达式 ? 表达式 1 : 表达式 2

语法说明：如果布尔表达式的值为 true，则返回表达式 1 的值，否则返回表达式 2 的值。

例如：

greeting = (visitor=="PRES") ? "Dear President" : "Dear";

说明：上述代码中，当布尔表达式 visitor=="PRES"的值为 true 时，则将表达式 1 的值 Dear President 赋值给变量 greeting，否则就将表达式 2 的值 Dear 赋值给变量 greeting。

【例 3-3】条件运算符示例：输入两个整数 a 和 b，若 a>=b，输出 a 较大，否则输出 b 较大。

（1）解题思路

按照条件运算符的语法格式，本例可以使用布尔表达式(a >= b) ? (a + "较大！ ") : (b + "较大！ ");来求结果。

（2）程序流程图

本例程序流程图如图 3-3 所示。

（3）Java 源代码

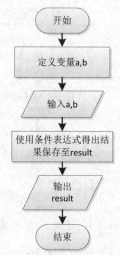

图 3-3 【例 3-3】程序流程图

```java
package com.csmz.chapter03.example;
import java.util.Scanner;
public class Example03 {
    public static void main(String[] args) {
        int a, b;
        Scanner sc = new Scanner(System.in);
        System.out.print("请输入 2 个整数： ");
        a = sc.nextInt();
        b = sc.nextInt();
        String result = (a >= b) ? (a + "较大！ ") : (b + "较大！ ");
        System.out.println(result);
        sc.close();
    }
}
```

程序运行结果如下：

请输入两个整数：5 20

20 较大！

程序说明如下：

①输入两个整数时，可以使用空格或回车符分隔。

②注意理解条件运算符返回的结果值类型。

3.1.3 运算符的优先级

在 Java 表达式中可能同时存在多个运算符，运算符之间存在优先级的关系，级别高的运算符先执行运算，级别低的运算符后执行运算。Java 运算符的优先级如表 3-3 所示。如果不能正确掌握运算符的优先级，将有可能导致运算结果错误。

表 3-3　Java 运算符的优先级

优 先 级	运　算　符	结 合 性
1	( ) [ ] .	从左到右
2	! + （正） - （负） ~ ++ --	从右向左
3	* / %	从左向右
4	+ （加） - （减）	从左向右
5	<< >> >>>	从左向右
6	< <= > >= instanceof	从左向右
7	== !=	从左向右
8	& （按位与）	从左向右
9	^ （按位异或）	从左向右
10	| （按位或）	从左向右
11	&&	从左向右
12	||	从左向右
13	?:	从右向左
14	= += -= *= /= %= &= |= ^= ~= <<= >>= >>>=	从右向左

运算符优先级的说明如下：

☑ 该表中的优先级按照从高到低的顺序书写，也就是优先级为 1 的优先级最高，优先级为 14 的优先级最低。

☑ 结合性是指运算符结合的顺序，通常都是从左到右。从右向左的运算符结合顺序最典型的就是负号，例如，3+-4 的意义为 3 加-4，符号首先和运算符右侧的内容结合。

☑ instanceof 的作用是判断对象是否为某个类或接口类型。

☑ 注意区分正负号和加减号，以及按位与和逻辑与的区别。

在实际应用中，不需要去记忆运算符的优先级别，也不要刻意地使用运算符的优先级别，对于不清楚优先级的地方可以用小括号去替代。例如：

int m = 12;

int n = m << 1 + 2;

int n = m << (1 + 2);　// 这样更直观，更加容易理解

【例 3-4】运算符的优先级示例：计算以下各表达式的结果。

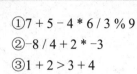
①7 + 5 − 4 * 6 / 3 % 9

②−8 / 4 + 2 * −3

③1 + 2 > 3 + 4

④1 > 2 && 3 < 4

⑤1 > 2 ‖ 3 < 4

⑥1 > 2 ^ 3 < 4

⑦notResult = zhen == !jia（已知：zhen=true，jia=false）

（1）解题思路

按照表 3-3 中运算符的优先级顺序推算出以上各表达式的结果，然后在 eclipse 中编写代码并运行查看结果。

（2）程序流程图

本例程序流程图如图 3-4 所示。

（3）Java 源代码

图 3-4　【例 3-4】程序流程图

```java
package com.csmz.chapter03.example;
public class Example04 {
    public static void main(String[] args) {
        // 比较加减乘除及取余数运算的优先级顺序
        int fiveArithmetic = 7 + 5 - 4 * 6 / 3 % 9;        // 等价于 "7+5-(4*6/3%9)"
        System.out.println("fiveArithmetic=" + fiveArithmetic);
        // 比较负号与乘除运算的优先级顺序
        int negativeArithmetic = -8 / 4 + 2 * -3;          // 等价于 "(-8)/4+2*(-3)"
        System.out.println("negativeArithmetic=" + negativeArithmetic);
        // 比较算术运算符和关系运算符的优先级顺序
        boolean greaterResult = 1 + 2 > 3 + 4;             // 等价于 "(1+2)>(3+4)"
        System.out.println("greaterResult=" + greaterResult);
        // 比较逻辑与运算及关系运算符的优先级顺序
        boolean andResult = 1 > 2 && 3 < 4;                // 等价于 "(1>2)&&(3<4)"
        System.out.println("andResult=" + andResult);
        // 比较逻辑或运算及关系运算符的优先级顺序
        boolean orResult = 1 > 2 || 3 < 4;                 // 等价于 "(1>2)||(3<4)"
        System.out.println("orResult=" + orResult);
        // 比较逻辑异或运算及关系运算符的优先级顺序
        boolean xorResult = 1 > 2 ^ 3 < 4;                 // 等价于 "(1>2)^(3<4)"
        System.out.println("xorResult=" + xorResult);
        // 比较逻辑非运算及关系运算符的优先级顺序
        boolean zhen = true;
        boolean jia = false;
        boolean notResult = zhen == !jia;                  // 等价于 "zhen==(!jia)"
        System.out.println("notResult=" + notResult);
    }
}
```

程序运行结果如下：

fiveArithmetic=4

negativeArithmetic=-8
greaterResult=false
andResult=false
orResult=true
xorResult=true
notResult=true

练一练

1. 以下运算符中优先级别最高的是（　　）。
   A. 算术运算符　　　B. 关系运算符　　C. 逻辑运算符　　D. 赋值运算符
2. 以下运算符优先级由低到高排序的是（　　）。
   A. =、&&、>、++、*　　　　　　　B. =、&&、>、*、++
   C. =、&&、*、>、++　　　　　　　D. =、>、&&、*、++
3. 三元条件运算符 ex1?ex2:ex3，相当于下面（　　）语句。
   A. if (ex1) ex2; else ex3;　　　　　B. if (ex2) ex1; else ex3;
   C. if (ex1) ex3; else ex2;　　　　　D. if (ex3) ex2; else ex1;

3.2　if 语句

在顺序结构程序中，每条语句被均等地、顺序地执行一次，如果遇到按不同的条件执行不同的语句，每条语句最多被执行一次，可以通过选择结构来实现。在 Java 语言中，选择结构语句有 if 语句和 switch 语句。

if 语句有四种形式：单分支 if 语句、双分支 if 语句、多分支 if 语句和 if 嵌套语句。

3.2.1　单分支 if 语句

单分支 if 语句的语法如下：
```
if (条件) {
    // 语句
}
```
语法说明：如果条件成立，则执行语句；若条件不成立，则不执行语句，直接执行 if 语句下面的语句。

流程图描述如图 3-5 所示。

例如：
```
if (score >= 90) {
    System.out.print("优秀");
}
```

【例 3-5】单分支 if 语句示例：输入一个英文字符，如果是小写英文字符则输出。

（1）解题思路

本例中要输入一个英文字符，可以使用 Java 提供的 System.in.read();方法，但要注意该方法只能读取所输入数据的 ASCII 码。

（2）程序流程图

本例程序流程图如图 3-6 所示。

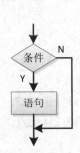

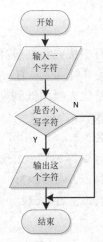

图 3-5　单分支 if 语句流程图　　　　图 3-6　【例 3-5】程序流程图

（3）Java 源代码

```java
package com.csmz.chapter03.example;
import java.io.IOException;
public class Example05 {
    public static void main(String[] args) {
        try {
            System.out.print("请输入一个英文字符：");
            char ch = (char) System.in.read();
            if (ch >= 'a' && ch <= 'z') {
                System.out.println("这个字符是：" + ch);
            }
        } catch (IOException e) {
            e.printStackTrace();
        }
    }
}
```

程序运行结果如下：

请输入一个英文字符：a

这个字符是：a

程序说明如下：

①写代码建议使用 eclipse 一类的 IDE 工具。

②System.in.read()函数可能引发异常，需要写 try…catch 语句，在 eclipse 中编写代码的时候可在提示状态下自动导入该语句。

③if 语句后面只有一条语句的时候，可以省略大括号，但是好的编程习惯是加上大括号。

3.2.2　双分支 if 语句

双分支 if 语句的语法如下：

```
if (条件) {
    // 语句 1
} else {
    // 语句 2
}
```

语法说明：如果条件成立，则执行语句 1；若条件不成立，则执行语句 2。

流程图描述如图 3-7 所示。

例如：

```
if (score >= 60) {
    System.out.print("及格");
} else {
    System.out.print("不及格");
}
```

【例 3-6】双分支 if 语句示例：输入两个整数 a 和 b，若 a>=b，输出 a 较大，否则输出 b 较大。

（1）解题思路

本例和【例 3-3】的编程要求是一样的，但是实现方式是不一样的。【例 3-6】中使用了条件运算符，而此处使用双分支 if 语句实现。

（2）程序流程图

本例程序流程图如图 3-8 所示。

（3）Java 源代码

```
package com.csmz.chapter03.example;
import java.util.Scanner;
public class Example06 {
    public static void main(String[] args) {
        int a, b;
        Scanner sc = new Scanner(System.in);
        System.out.print("请输入两个整数： ");
        a = sc.nextInt();
        b = sc.nextInt();
        if (a >= b) {
            System.out.println(a + "较大！ ");
        } else {
            System.out.println(b + "较大！ ");
```

```
        }
        sc.close();
    }
}
```

程序运行结果如下：

请输入两个整数：20 30

30 较大！

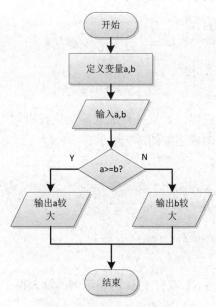

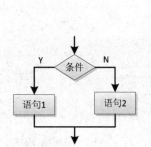

图 3-7　双分支 if 语句流程图　　　图 3-8　【例 3-6】程序流程图

3.2.3　多分支 if 语句

多分支 if 语句的语法如下：

```
if (条件 1) {
    // 语句 1
} else if (条件 2) {
    // 语句 2
}
…
else if(条件 n) {
    // 语句 n
} else {
    // 语句 n+1
}
```

语法说明：如果条件 1 成立，则执行语句 1；否则，如果条件 2 成立，则执行语句 2……否则，如果条件 n 成立，则执行语句 n，否则执行语句 n+1。

流程图描述如图 3-9 所示。

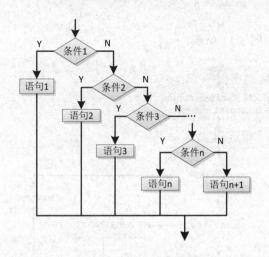

图 3-9　多分支 if 语句流程图

例如：

```
if (score >=85) {
    System.out.print("优秀");
} else if (score >=60) {
    System.out.print("及格");
} else {
    System.out.print("不及格");
}
```

【例 3-7】多分支 if 语句示例：解决"学习情境"中的问题。使用选择结构实现商品销售系统中的打折功能。编写程序计算购买图书的总金额：用户输入图书的定价和购买图书的数量，并分别保存到一个 float 和一个 int 类型的变量中，然后根据用户输入的定价和购买图书的数量，计算购书的总金额并输出。图书销售策略为：正常情况下按 9 折出售，购书数量超过 10 本打 8.5 折，超过 100 本打 8 折。

要求：使用分支结构实现上述程序功能。

（1）解题思路

这是一个典型的使用多分支结构实现计算的算法。注意分支条件的设置，先设置条件 count>=100，若条件成立，表示>=100 的情况，不成立则表示<100 的情况。在<100 的情况下继续设立条件 count>=10，若成立表示>=10 的情况，不成立则表示<10 的情况。也可以先设置 count<10，思路如前所示。如果对这种条件设置没有逻辑思维的概念，也可画一条 x 轴去理解，如图 3-10 所示。

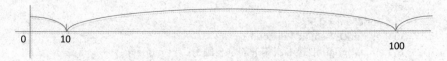

图 3-10　分段条件图示

（2）程序流程图

本例程序流程图如图 3-11 所示。

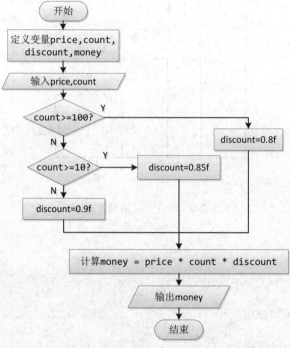

图 3-11 【例 3-7】程序流程图

（3）Java 源代码

```java
package com.csmz.chapter03.example;
import java.util.Scanner;
public class Example07 {
    public static void main(String[] args) {
        float price;
        int count;
        float discount, money;
        Scanner sc = new Scanner(System.in);
        System.out.print("请输入图书的定价：");
        price = sc.nextFloat();
        System.out.print("请输入图书的数量：");
        count = sc.nextInt();
        if (count >= 100)
            discount = 0.8f;
        else if (count >= 10)
            discount = 0.85f;
        else
            discount = 0.9f;
        money = price * count * discount;
        System.out.println("您本次购书的总金额为：" + money);
        sc.close();
    }
}
```

程序运行结果如下：

请输入图书的定价：59.8

请输入图书的数量：100

您本次购书的总金额为：4784.0

3.2.4 if 嵌套语句

if 语句的嵌套语法如下：

```
if (条件) {
    // if 语句
} else {
    // if 语句
}
```

语法说明：可以在 if 子句或者 else 子句中嵌套本节前文所述任一种格式的 if 语句。

例如：

```
if (score >= 60) {
    if (score >= 85) {
            System.out.print("优秀");
    } else {
            System.out.print("及格");
    }
} else {
    System.out.print("不及格");
}
```

【例 3-8】if 嵌套语句示例：输入三个整数 a、b、c，输出三个数中的较大者。

（1）解题思路

三个数的比较思路为：如果 a>=b，再比较如果 a>=c，则 a 较大，否则 c 较大（要理解好这个地方是为什么）；若 a<b，再比较 b>=c，若成立则 b 较大，否则 c 较大。

（2）程序流程图

本例程序流程图如图 3-12 所示。

（3）Java 源代码

```
package com.csmz.chapter03.example;
import java.util.Scanner;
public class Example08 {
    public static void main(String[] args) {
            int a, b, c;
            Scanner sc = new Scanner(System.in);
            System.out.print("请输入三个整数：");
            a = sc.nextInt();
            b = sc.nextInt();
```

```
        c = sc.nextInt();
        if (a >= b) {
            if (a >= c) {
                System.out.println(a + "较大！");
            } else {
                System.out.println(c + "较大！");
            }
        } else {
            if (b >= c) {
                System.out.println(b + "较大！");
            } else {
                System.out.println(c + "较大！");
            }
        }
        sc.close();
    }
}
```

程序运行结果如下：

请输入三个整数：6 50 787

787 较大！

程序说明如下：

①示例代码中 if 和 else 子句中各嵌入了一条 if…else 语句。

②注意理解比较的逻辑关系。

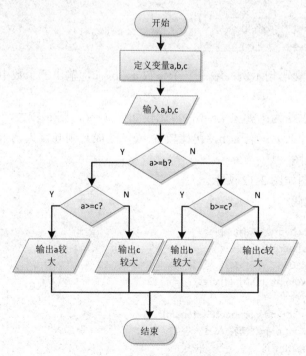

图 3-12　【例 3-8】程序流程图

 练一练

1. 阅读下面代码：

```
if (x == 0) {System.out.println("冠军") ;}
else if (x > -3) {System.out .println("季军");}
```

若要求打印字符串"季军"，则变量 x 的取值范围是（   ）。

A. x<0　　　　　B. x==0　　　　　C. x>-3 && x!=0　　　D. x<=-3

2. 关于选择结构下列说法正确的是（   ）。

A. if 语句和 else 语句必须成对出现

B. if 语句可以没有 else 语句对应

C. 一个 if 语句只能有一个 else if 语句与之对应

D. else if 结构中必须有 default 语句

3. 下面（   ）是正确的 if 语句（设 int x=1,a=1,b=1;）。

A. if (a=b) x++;　　B. if (a<=b) x++;　　C. if (a-b) x++;　　D. if (x) x++;

3.3   switch 语句

3.3.1   switch 语句的语法

多分支还可以通过使用 switch 语句来实现。当条件有很多选项而且比较简单的时候，使用 switch 语句实现起来更为简便。switch 语句的语法结构如下：

```
switch(表达式) {
case 值 1:
  语句 1;
  break;
case 值 2:
  语句 2;
  break;
......
case 值 n:
  语句 n;
  break;
default:
  语句 n+1;
  break;
}
```

流程图描述如图 3-13 所示。

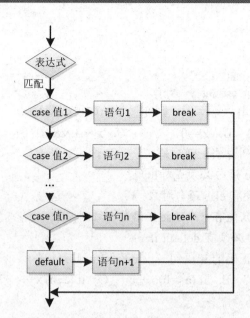

图 3-13   switch 语句流程图

执行 switch 语句时，首先计算表达式的值，其类型是整型或字符型，各个 case 之后的常量值也是整型或字符型。然后将表达式的值同每种情况 case 列出的值进行比较，若相等则程序流程转入 case 后紧跟的语句块。若表达式的值与任何一个 case 后的值都不相等，则执行 default 后的语句块，若没有 default 子句则什么都不执行。

使用 switch 语句时，需要注意以下几点：

- ☑ 各个 case 后的常量值应各不相同；
- ☑ 通常在每一种 case 情况后都应使用 break 语句，否则，遇到第一个相等情况后，下一条 break 前的所有语句都会被执行，包括 default 后面的语句如果有的话；
- ☑ 各个分支的语句可以是一条或多条语句，不必使用复合语句；
- ☑ 不同 case 后的语句相同时，可以合并多个 case 子句；
- ☑ 用表达式的值比较每一个 case 后的值时，是从前往后顺序进行的，若各个值互不相同，则 case 子句的顺序可任意；
- ☑ switch 语句最后执行 default 子句，通常把 default 子句放在 switch 结构的最后。

3.3.2   switch 语句示例

【例 3-9】switch 语句示例：实现《成绩分析系统》关键算法。任务：输入一个百分制的成绩 t，将其转换成对应的等级然后输出。具体转换规则如下：

90~100 为优秀

80~89 为良好

70~79 为中等

60~69 为及格

0~59 为不及格

要求：如果输入数据不在 0~100 范围内，请输出"Score is error!"。

（1）解题思路

本题为典型的多分支结构编程，关键点是在 switch 语句外面构建一个表达式，它的取值与 case 后面的表达式进行匹配，匹配成功则执行其后面的语句，然后 break 退出 switch 语句。也可以使用 if 多分支语句来写本程序，留给大家练习。

（2）程序流程图

本例程序流程图如图 3-14 所示。

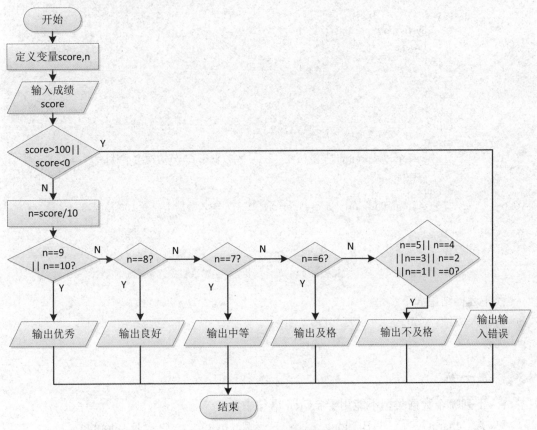

图 3-14　【例 3-9】程序流程图

（3）Java 源代码

```java
package com.csmz.chapter03.example;
import java.util.Scanner;
public class Example09 {
    public static void main(String[] args) {
        Scanner sc = new Scanner(System.in);
        System.out.print("请输入成绩：");
        int score = sc.nextInt();
        int n = score / 10;                    // 构造 switch(n)语句中的表达式 n
```

```
            switch (n) {
            case 10:
            case 9:                                      // 表示如果 90-100 分之间，输出优秀
                System.out.println("优秀");
                break;
            case 8:
                System.out.println("良好");
                break;
            case 7:
                System.out.println("中等");
                break;
            case 6:
                System.out.println("及格");
                break;
            case 5:
            case 4:
            case 3:
            case 2:
            case 1:
            case 0:
                System.out.println("不及格");              // 低于 60 分的输出不及格
                break;
            default:
                System.out.println("Score is error!");    // 输入数据不在 0~100 范围内
            }
            sc.close();
        }
    }
```

程序运行结果如下：

请输入成绩：100

优秀

练一练

1. 下列哪个数据类型不能用于 switch 语句中？（　　　）

　　A. char　　　　　　B. long　　　　　　C. byte　　　　　　D. double

2. 以下哪个值可以被 switch 语句接受？（　　　）

　　A. 布尔　　　　　　B. 浮点　　　　　　C. 双精　　　　　　D. 字符

3. 若 int i=10;，执行下列程序后，变量 i 的正确结果是（　　　）。

```
switch (i) {
    case 9: i+=1 ;
    case 10: i+=1 ;
    case 11: i+=1 ;
    default : i+=1 ;
}
```

　　A. 10　　　　　　　B. 11　　　　　　　C. 12　　　　　　　D. 13

3.4 选择结构编程综合实例

【例 3-10】实现《动物园管理系统》关键算法。任务：现在，动物园想再新建一个三角形的人工湖，一是为了养鱼美观，二是可以循环水资源。从键盘输入三条边 a、b、c 的边长，请编程判断能否组成一个三角形。要求：a、b、c 的值均小于 1000，如果三条边长 a、b、c 能组成三角形的话，输出 YES，否则输出 NO。

（1）解题思路

本例和【例3-2】的要求是相同的，实质上都是判断三条边能否组成三角形，即：两边之和大于第三边。【例3-2】的解题方法是使用布尔表达式，此处的解题方法是使用分支结构。

（2）程序流程图

本例程序流程图如图 3-15 所示。

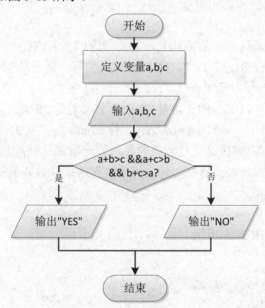

图 3-15 【例 3-10】程序流程图

（3）Java 源代码

```java
package com.csmz.chapter03.example;
import java.util.Scanner;
public class Example10 {
    public static void main(String[] args) {
        Scanner sc = new Scanner(System.in);
        System.out.print("请输入三角形的三条边（a,b,c<1000）：");
        int a, b, c;
        a = sc.nextInt();
```

```
            b = sc.nextInt();
            c = sc.nextInt();
            // 判断能否组成三角形的原则：两边之和大于第三边
            if (a + b > c && a + c > b && b + c > a) {
                    System.out.println("YES");
            } else {
                    System.out.println("NO");
            }
            sc.close();
    }
}
```

程序运行结果如下：

请输入三角形的三条边（a,b,c<1000）：30 40 50

YES

【例 3-11】实现《小学生数学辅助学习系统》关键算法。任务：通过键盘输入某年某月某日，计算并输出这一天是这一年的第几天。例如，2001 年 3 月 5 日是这一年的第 64 天。注意：使用分支结构语句实现。

（1）解题思路

计算某年某月某日是这一年的第几天，需要考虑以下两点：

①每个月是大月（1、3、5、7、8、10、12 月为大月，每个月 31 天），还是小月（4、6、9、11 为小月，每个月 30 天）；

②这一年是否为闰年，闰年的 2 月是 29 天，非闰年是 28 天。

例如，输入的年月日为 year、month、day，若 month 为 1 或 2，则所求的第几天为 day 或 31+day，若 month>=3，则按这个月之前的各月的天数来计算：大月的天数+小月的天数+2 月的天数（闰年 29，非闰年 28）+day。闰年的判断：能被 4 整除而不被 100 整除，能被 400 整除的年份为闰年。

（2）程序流程图

本例程序流程图如图 3-16 所示。

（3）Java 源代码

```
package com.csmz.chapter03.example;
import java.util.Scanner;
public class Example11 {
    public static void main(String[] args) {
            int year, month, day, days = 0;
            Scanner sc = new Scanner(System.in);
            System.out.print("请输入年，月，日：");
            year = sc.nextInt();
            month = sc.nextInt();
            day = sc.nextInt();
            if (((year%4==0 && year%100!=0) || (year%400==0)) && month>2)
                    days += 1;           // 判断闰年，如果是闰年，2 月份以后的第几天需+1
            switch (month - 1) {
            case 12:
```

```
                days += 31;
            case 11:
                days += 30;
            case 10:
                days += 31;
            case 9:
                days += 30;
            case 8:
                days += 31;
            case 7:
                days += 31;
            case 6:
                days += 30;
            case 5:
                days += 31;
            case 4:
                days += 30;
            case 3:
                days += 31;
            case 2:
                days += 28;
            case 1:
                days += 31;
            }
            days = days + day;
            System.out.println("是这一年的：第"+days+"天！");
            sc.close();
        }
    }
```

程序运行结果如下：

请输入年，月，日：2019 4 3

是这一年的：第 93 天！

【例 3-12】实现《"生活烦琐"计算系统》关键算法。任务：我国 2018 年颁布的最新个人所得税法规定，个税的起征点为 5000 元，共分成 7 级，税率情况如表 3-4 所示。从键盘上输入月工资，计算应交纳的个人所得税。

表 3-4 税率情况表

级　数	全月应纳税所得额	税率(%)
1	不超过 3000 元的（即 5000~8000）	3
2	超过 3000 元至 12000 元的部分	10
3	超过 12000 元至 25000 元的部分	20
4	超过 25000 元至 35000 元的部分	25
5	超过 35000 元至 55000 元的部分	30
6	超过 55000 元至 80000 元的部分	35
7	超过 80000 元部分	45

注意：超出部分按所在税的级数计算。例如：一个人的月收入为9000，应交个人所得税为 3000×0.03 +[(9000-3000)−5000]×0.1=190

请在键盘上输入一个人的月收入，编程实现计算该公民所要交的税。例如：输入 9000，则输出"你要交的税为：190"。

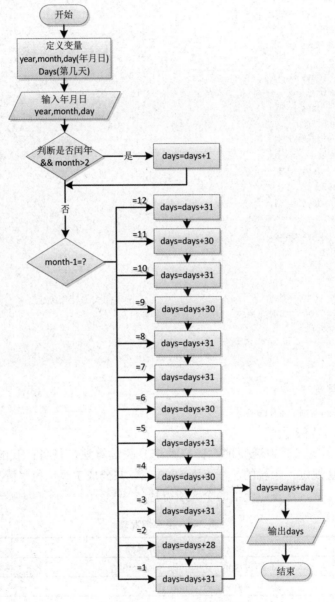

图 3-16　【例 3-11】程序流程图

（1）解题思路

这是一个典型的多分支结构。扣税有 7 个级数，每个级数设一个条件计算扣税。本例关键的地方是要细心地计算每级税率，容易弄错。条件设置还有其他的方法，请同学们思考。

（2）程序流程图

本例程序流程图如图 3-17 所示。

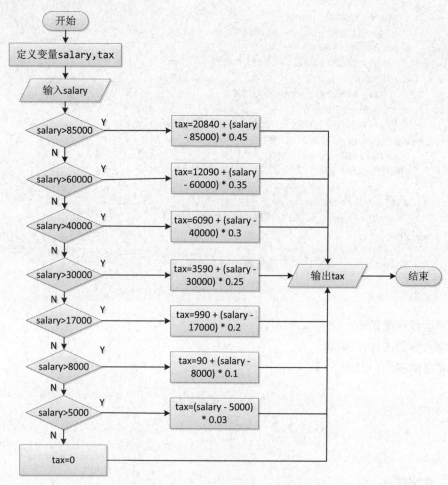

图 3-17　【例 3-12】程序流程图

（3）Java 源代码

```
package com.csmz.chapter03.example;
import java.util.Scanner;
/*
 * 1 不超过 3000 元的（即 5000-8000 之间）  0.03 3000*0.03=90
 * 2 超过 3000 元至 12000 元的部分 0.1         9000*0.1=900
 * 3 超过 12000 元至 25000 元的部分 0.2        13000*0.2=2600
 * 4 超过 25000 元至 35000 元的部分 0.25       10000*0.25=2500
 * 5 超过 35000 元至 55000 元的部分 0.3        20000*0.3=6000
 * 6 超过 55000 元至 80000 元的部分 0.35       25000*0.35=8750
 * 7 超过 80000 元部分 0.45
 */
public class Example12 {
    public static void main(String[] args) {
        double salary, tax;
```

```
        Scanner sc = new Scanner(System.in);
        System.out.print("请输入你的工资：");
        salary = sc.nextDouble();
        if (salary > 85000)
            tax = 20840 + (salary - 85000) * 0.45;
        else if (salary > 60000)
            tax = 12090 + (salary - 60000) * 0.35;
        else if (salary > 40000)
            tax = 6090 + (salary - 40000) * 0.3;
        else if (salary > 30000)
            tax = 3590 + (salary - 30000) * 0.25;
        else if (salary > 17000)
            tax = 990 + (salary - 17000) * 0.2;
        else if (salary > 8000)
            tax = 90 + (salary - 8000) * 0.1;
        else if (salary > 5000)
            tax = (salary - 5000) * 0.03;
        else
            tax = 0;
        System.out.println("你要交的税为：" + tax);
    }
}
```

程序运行结果如下：

请输入你的工资：9800

你要交的税为：270.0

3.5　习　　题

一、选择题

1．逻辑运算符两侧运算对象的数据类型（　　　）。

　　A．只能是 0 或 1　　　　　　　　　　B．只能是 0 或非 0 的正数

　　C．只能是整型或字符型数据　　　　　D．可以是任何类型的数据

2．下列表达式中，不满足"当 x 的值为偶数时值为真，为奇数时值为假"的要求的是（　　　）。

　　A．x%2==0　　　　　B．!x%2!=0　　　C．(x/2*2-x)==0　　　D．!(x%2)

3．能正确表示"当 x 的取值在[1,10]和[200,210]范围内为真，否则为假"的表达式是（　　　）。

　　A．(x>=1) && (x<=10) && (x>=200) && (x<=210)

　　B．(x>=1) || (x<=10) || (x>=200) || (x<=210)

　　C．(x>=1) && (x<=10) || (x>=200) && (x<=210)

　　D．(x>=1) || (x<=10) && (x>=200) || (x<=210)

4. Java 语言对嵌套 if 语句的规定是：else 总是与（　　）。

   A. 其之前最近的 if 配对　　　　　　B. 第一个 if 配对

   C. 缩进位置相同的 if 配对　　　　　D. 其之前最近的且尚未配对的 if 配对

5. 设 int a=1, b=2, c=3, d=4, m=2, n=2;，执行(m=a>b) && (n=c>d)后 n 的值为（　　）。

   A. 1　　　　　　　　B. 2　　　　　　　　C. 3　　　　　　　　D. 4

6. 下述表达式中，（　　）可以正确表示 x≤0 或 x≥1 的关系。

   A. (x>=1)||(x<=0)　　B. x>=1 | x<=0　　C. x>=1 && x<=0　　D. (x>=1) && (x<=0)

7. 下述程序的输出结果是（　　）。

```
public static void main(String[] args) {
    int a = 0, b = 0, c = 0;
    if (++a > 0 || ++b > 0)
        ++c;
    System.out.printf("%d,%d,%d", a, b, c);
}
```

   A. 0,0,0　　　　　　B. 1,1,1　　　　　　C. 1,0,1　　　　　　D. 0,1,1

8. 当 a=1，b=3，c=5，d=4 时，执行完下面一段程序后 x 的值是（　　）。

```
if (a < b)
    if (c < d)
        x = 1;
    else if (a < c)
        if (b < d)
            x = 2;
        else
            x = 3;
    else
        x = 6;
else
    x = 7;
```

   A. 1　　　　　　　　B. 2　　　　　　　　C. 3　　　　　　　　D. 4

9. 在下面的条件语句中（其中 S1 和 S2 表示语句），（　　）在功能上与其他三个语句不等价。

   A. if (a) S1; else S2;　　　　　　B. if (a==0) S2; else S1;

   C. if (a!=0) S1; else S2;　　　　　D. if (a==0) S1; else S2;

10. 代码如下：

```
System.out.println((7>5)?6:8);
```

   其运行结果是（　　）。

   A. 7　　　　　　　　B. 5　　　　　　　　C. 6　　　　　　　　D. 8

二、填空题

1. Java 语言提供 6 种关系运算符，它们分别是_____，_____，_____，_____，_____，_____。

2. Java 语言提供 3 种逻辑运算符，按优先级高低它们分别是_____，_____，_____。

3．设 a=3，b=4，c=5，逻辑表达式 a+b>c && b==c 的值是_____。

4．将条件"y 能被 4 整除但不能被 100 整除，或 y 能被 400 整除"写成逻辑表达式_____。

5．已知 A=7.5，B=2，C=3.6，表达式 A>B && C>A || A<B && !(C>B)的值是_____。

6．若有 x=1，y=2，z=3，则表达式(x<y?x:y)==z++的值是_____。

三、判断题

1．if 语句中的表达式不限于逻辑表达式，可以是任意的数值类型。（　　）

2．switch 语句可以用 if 语句完全代替。（　　）

3．switch 语句的 case 表达式必须是常量表达式。（　　）

4．if 语句，switch 语句可以嵌套，而且嵌套的层数没有限制。（　　）

5．条件表达式可以取代 if 语句，或者用 if 语句取代条件表达式。（　　）

6．switch 语句的各个 case 和 default 的出现次序不影响执行结果。

7．多个 case 可以执行相同的程序段。（　　）

8．switch 语句的 case 分支可以使用{ }复合语句，多个语句序列。（　　）

四、根据如图 3-18 所示的流程图编写代码

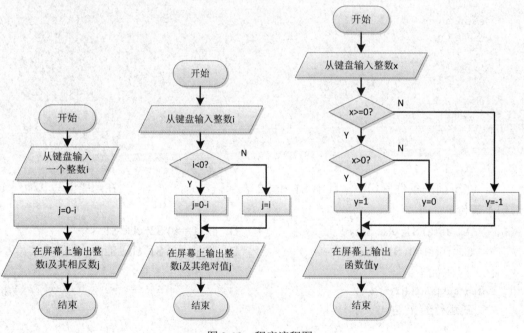

图 3-18　程序流程图

五、分析下列程序，写出程序运行结果

```java
public class Test {
    public static void main(String args[]) {
        boolean b;
        int i = 0, j = 0;
```

```
        b = i++ > 0 && ++j > 0;
        System.out.println(b + " " + i + " " + j);
        i = j = 0;
        b = i++ > 0 || ++j > 0;
        System.out.println(b + " " + i + " " + j);
        i = j = 1;
        b = i++ > 0 && ++j > 0;
        System.out.println(b + " " + i + " " + j);
        i = j = 1;
        b = i++ > 0 || ++j > 0;
        System.out.println(b + " " + i + " " + j);
    }
}
```

六、编程题

1．从键盘输入一个 0～99999 的任意数，判断输入的数是几位数。

2．根据系统时间给出不同的问候语：6~12 点显示"早上好！"；12~18 点显示"下午好！"；18~24 点显示"晚上好！"；0~6 点显示"凌晨了，该休息了！"。

3．从键盘输入一个整数，如果该整数为 1，则在屏幕上输出"春季"；如果是 2，则输出"夏季"；如果是 3，则输出"秋季"；如果是 4 则输出"冬季"；如果是其他整数，则输出"输入的整数无效"。

4．铁路运货的运费与路程远近及货物的重量有关，设有如下的运费标准：

①不足 100 千米，每吨每千米为 1.00 元；

②100 千米以上不足 300 千米，每吨每千米为 0.90 元；

③300 千米以上不足 500 千米，每吨每千米为 0.80 元；

④500 千米以上不足 1000 千米，每吨每千米为 0.70 元；

⑤1000 千米以上每吨每千米为 0.60 元。

根据输入的货物重量和路程计算相应的运费。

5．求一元二次方程的解（判断是否有实根）。

第 **4** 章

循 环 结 构

【学习情境】 使用循环结构编程解决百钱买百鸡问题。

【问题描述】

百钱买百鸡问题是一个数学问题，出自中国古代约公元 5 世纪成书的《张邱建算经》，是原书下卷第 38 题，也是全书的最后一题，该问题的重要之处在于开创了"一问多答"的先例。原书的问题描述如下：今有鸡翁一，值钱五，鸡母一，值钱三，鸡雏三，值钱一，凡百钱买百鸡，问翁、母、雏各几何？

【任　　　务】 实现百钱买百鸡问题的关键算法并绘制流程图。

《算经》中提出的数学问题简言之就是我们现代数学所说的百钱买百鸡问题，一只公鸡值钱 5 文，一只母鸡值钱 3 文，三只小鸡值钱 1 文，100 文钱怎么才能买到 100 只鸡，并且买到的小鸡、母鸡、公鸡各是多少呢？现在请你编程求出所有的解，每个解输出 3 个整数，打印在一行，用空格隔开，分别代表买的公鸡、母鸡、小鸡的数量。

【要　　　求】 100 文钱要正好用完。请输出所有的解，每个解占一行。

【提　　　示】 使用循环结构实现上述功能。

4.1　while 循环和 do...while 循环

前面已经学习过了顺序结构，顺序结构中的语句只能被执行一次，但是在实际问题中有许多具有规律性的重复操作，就需要重复执行某些语句。例如，要求 1~100 的累加和时，根据已有的知识，可以使用 1+2+3+…+99+100 来书写出每一项进行计算，在这个过程中，加法操作是重复的，因此是否可以只写一组语句，让它重复执行多次，最后计算出累加和。这种在一定条件下反复执行某段程序的流程结构被称为循环结构（Repetition Structure），或者称为重复结构。循环结构可以减少源程序重复书写的工作量，用来描述重复执行某段算法的问题，这也是程序设计三大结构中最能发挥计算机特长的一种。

4.1.1　循环结构的概念

循环结构具有以下特点：
☑　循环不是无休止地进行，当满足一定条件的时候循环才会继续，这个条件被称为循环条件，或者称为控制条件；
☑　当循环条件不满足的时候，循环就结束了；
☑　循环结构中被反复执行的那些相同的或者类似的一系列操作，称为循环操作，或者称为循环体。

根据循环条件，循环结构又可分为：先判断循环条件后执行的当型循环结构（while 循环和 for 循环）和先执行后判断循环条件的直到型循环结构（do...while 循环）。

4.1.2　while 循环

while 循环是最基本的循环，会在循环条件为真时重复执行循环体，一般用于不知道具体循环次数的情况。其语法结构如下：

```
while(循环条件) {
    //循环体
}
```

语法说明：先计算循环条件，如果为真（true），就执行循环体；然后再次计算循环条件，如果循环条件为真，则继续执行循环体……这个过程会一直重复，直到循环条件的值为假（false），程序执行跳过循环体，而去执行 while 循环后面的语句。

其流程图描述如图 4-1 所示。

例如，以下代码使用 while 循环来判断当变量 i 小于 5 时，将变量 x 和变量 i 的值相加并赋值给变量 x，如果 i 的初始值为 5，则循环体不会被执行：

```
while (i < 5) {
```

```
        x = x + i;
        i++;
    }
```

【例 4-1】while 循环示例：计算从 1 加到 100 的值，将最后的累加值输出。

（1）解题思路

相比使用顺序结构来实现 1~100 的累加和，使用循环结构来实现将减少代码的书写量。

（2）程序流程图

本例程序流程图如图 4-2 所示。

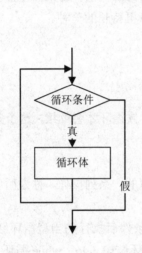

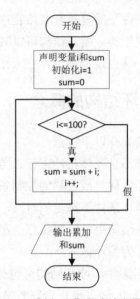

图 4-1　while 循环流程图　　　图 4-2　【例 4-1】程序流程图

（3）Java 源代码

```java
package com.csmz.chapter04.example;
public class Example01 {
    public static void main(String[] args) {
        int i = 1;
        int sum = 0;
        while(i <= 100) {
            sum = sum + i;
            i++;
        }
        System.out.println("1~100 的累加和为： " + sum);
    }
}
```

程序说明如下：

①程序运行到 while 时，因为 i = 1，所以循环条件 i <= 100 成立，会执行循环体；执行结束后 i 的值变为 2，sum 的值变为 1；

②接下来会继续判断循环条件 i <= 100 是否成立，此时 i = 2，故 i <= 100 依旧成立，所以继续执行循环体；执行结束后 i 的值变为 3，sum 的值变为 3；

③重复执行步骤②；

④当循环进行到第 100 次，i 的值变为 101，sum 的值变为 5050；因为此时 i <= 100 不再成立，所以就退出循环，不再执行循环体，转而执行 while 循环后面的程序。

⑤程序运行结果如下：

1~100 的累加和为：5050

通过上面的示例可以看出 while 循环的整体思路：设置一个带有变量的循环条件（即一个带有变量的表达式，该变量也称为循环变量），在循环体中额外添加一条语句，让它能够不断地改变循环条件中变量的值，这样可以使得循环条件中变量的值会随着循环的不断执行而不断地变化，当某一个时刻，循环条件不再成立，整个循环就结束了。

如果循环条件中不包含变量，会发生以下两种情况：

①如循环条件成立，while 循环会一直执行下去，永不结束，一般这样的循环通常被称为死循环，例如：

```java
while(true) {
    System.out.println("while 循环");
}
```

②如循环条件不成立，while 循环的循环体就一次也不会执行。例如：

```java
while(false) {
    System.out.println("while 循环");
}
```

【例 4-2】根据输入的半径值，计算球的体积。输入数据有多组，每组占一行，每行包括一个实数，表示球的半径。输出对应球的体积，对于每组输入数据，输出一行结果，计算结果保留三位小数。注：PI=3.1415927。

例如：输入 2，输出 33.510。

注意：使用公式完成。

（1）解题思路

计算球的体积通过一个顺序结构程序设计就能解决问题，但是对于一组数据，需要使用循环来控制。处理一组数据可以使用两种方法。

方法一：使用 sc.hasNext()方法作为 while 循环的条件，此条件为永真条件，表示只要有输入就为 true，循环会一直等待输入，但这里不是死循环。

方法二：如果要设定让循环结束的条件，可以设定一个输入的数据，如 0，输入此值循环就结束，此时可以使用条件!sc.hasNext("0")作为 while 循环的条件。PI=3.1415927，关于这个值，此题中给出了 PI 的定义，在 Java 中有一个 Math.PI，可以直接使用。保留 3 位小数，使用方法 System.out.format()，格式输出符为%.3f。

（2）程序流程图

本例程序流程图如图 4-3 所示。

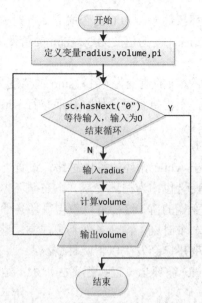

图 4-3 【例 4-2】程序流程图

（3）Java 源代码

```java
package com.csmz.chapter04.example;
import java.util.Scanner;
public class Example02 {
    public static void main(String[] args) {
        double radius, volume;
        double pi = 3.1415927;
        Scanner sc = new Scanner(System.in);
        System.out.print("请输入球的半径：");
        while (!sc.hasNext("0")) { // 有一组数据，使用循环；
            radius = sc.nextDouble();
            volume = 4 * Math.pow(radius, 3) * pi / 3;
            System.out.format("球的体积为：%.3f", volume).println();
            System.out.println("请输入球的半径：");
        }
        sc.close();
    }
}
```

本例程序中的循环条件为!sc.hasNext("0")，其意义是，只要从键盘输入的字符不是 0 就继续循环。循环体就根据输入的球的半径计算球的体积并输出。

程序运行结果如下（循环等待输入半径的值）：

请输入球的半径：10

球的体积为：4188.790

请输入球的半径：

4.1.3　do…while 循环

do…while 循环是直到型循环结构，同 while 循环一样，do…while 循环也用于不知道具体循环次数的情况，但是与前面介绍的 while 循环和后面要介绍的 for 循环都不同的是，在循环条件被第一次计算之前，循环体语句会首先被执行一次。其语法结构如下：

do{
　// 循环体
} while(循环条件); // 注意：此处的分号不要忘掉

语法说明：do…while 循环与 while 循环不同，它会确保循环体语句至少执行一次，然后判断循环条件的值，如果为真（true），那么循环就会继续，如果为假（false），则循环结束。这里还有一点需要特别注意，就是在 do…while 循环语句的最后一定要有一个分号，否则会提示语法错误。

其流程图描述如图 4-4 所示。

例如，以下代码使用 do…while 循环来判断，当变量 i 小于 5 时，将变量 x 和变量 i 的值相加并赋值给变量 x，但是这里与之前 while 循环不同，即使 i 的初始值为 5，循环体中的语句也会被执行一次，然后 i=6，不符合 i<5 的条件，循环结束。

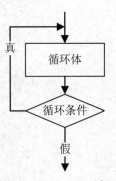

图 4-4　do…while 循环流程图

```
do {
    x = x + i;
    i++;
} while (i < 5);
```

注意当型循环和直到型循环的异同。当型循环结构在每次执行循环体前先对循环条件进行判断，当循环条件满足时执行循环体，否则结束循环。直到型循环结构则是先执行一次循环体之后，再对循环条件进行判断，当循环条件满足时执行循环体，否则结束循环。直到型循环结构的循环体不管循环条件是否成立都会被执行一次，而当型循环结构的循环体只有循环条件满足的情况下才可能被执行。如果第一次循环条件满足的话，当型循环和直到型循环的逻辑是等价的。

【例 4-3】有一分数序列：2/1，3/2，5/3，8/5，13/8，21/13…求出这个数列的前 20 项之和。

要求：利用循环计算该数列的和。注意分子分母的变化规律。

注意：

a1=2,　　　　b1=1,　　c1=a1/b1;
a2=a1+b1,　b2=a1,　c2=a2/b2;
a3=a2+b2,　b3=a2,　c3=a3/b3;
…
s = c1+c2+…+c20;
s 即为分数序列 2/1，3/2，5/3，8/5，13/8，21/13…的前 20 项之和。

（1）解题思路

计算数列的前 n 项之和，数列为：2/1，3/2，5/3，8/5，13/8，21/13…注意分子分母的变化规律：第 n 项的分子为前一项分子和分母的和，分母为前一项的分子。利用循环计算该数列的和。有两个地方需要注意：

①数据类型定义为实型（double 精度更高）；

②注意新项的分子和分母的计算和赋值。

（2）程序流程图

本例程序流程图如图 4-5 所示。

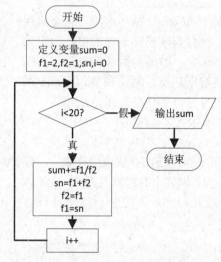

图 4-5　【例 4-3】程序流程图

（3）Java 源代码

```
package com.csmz.chapter04.example;
public class Example03 {
    public static void main(String[] args) {
        double sum = 0;        // 用来存放 20 项之和
        double f1 = 2;         // 分子
        double f2 = 1;         // 分母
        double sn = 0;         // 变化的项
        int i = 0;
        do {
            sum += f1 / f2;
            sn = f1 + f2;      // 计算新的项
            f2 = f1;           // 新的分子
            f1 = sn;           // 新的分母
            i++;
        } while (i < 20);      // 注意最后的分号不要漏掉了
        System.out.println("数列的前 20 项之和为： " + sum);
    }
}
```

程序说明如下：

①首先无条件执行循环体 1 次，然后判断循环条件的值，如果为真，再执行循环体，再判断，再执行，依此类推，直到循环条件的值为假，退出循环。

②程序运行结果如下：

数列的前 20 项之和为：32.66026079864164

【例 4-4】do...while 循环示例：计算 1 加到 100 的值，将最后的累加值输出。

（1）解题思路

前面【例 4-1】中使用 while 循环实现了 1~100 的累加和，使用循环结构来实现将减少代码的书写量，此处使用 do...while 循环来实现 1~100 的累加和，主要是为了掌握 while 循环与 do...while 循环的异同。

（2）程序流程图

本例程序流程图如图 4-6 所示。

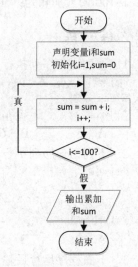

图 4-6　【例 4-4】程序流程图

（3）Java 源代码

```java
package com.csmz.chapter04.example;
public class Example04 {
    public static void main(String[] args) {
        int i = 1;          // 表达式 1
        int sum = 0;
        do {
            sum = sum + i;
            i++;            // 表达式 3
        } while(i <= 100 /* 表达式 2 */);
        System.out.println("1~100 的累加和为：" + sum);
    }
}
```

程序说明如下：

①程序运行到 do 时，会执行循环体；执行结束后 sum 的值变为 1，i 的值变为 2；

②接下来会判断循环条件 i <= 100 是否成立，因为此时 i = 2，故 i <= 100 成立，所以继续执行循环体；执行结束后 i 的值变为 3，sum 的值变为 3；

③重复执行步骤②；

④当循环进行到第 100 次时，sum 的值变为 5050，i 的值变为 101；因为此时 i <= 100 不再成立，所以就退出循环，不再执行循环体，转而执行 do...while 循环后面的代码；

⑤通过与【例 4-1】中的代码进行比较和执行，假设循环条件一开始就是不成立的，while 循环的循环体一遍也不会运行，do...while 循环的循环体运行了一遍；

⑥要求掌握 while 循环和 do...while 循环代码的异同，掌握 while 和 do...while 不同的使用方法；

⑦程序运行结果如下：

1~100 的累加和为：5050

练一练

1．下列语句序列执行后，j 的值是（　　　）。

```
int j = 9,   i = 6;
while(i-- > 3)
    --j;
```

  A．5   B．6   C．7   D．8

2．下列语句序列执行后，i 的值是（　　　）。

```
int i = 10;
do {
    i /= 2;
} while(i > 1);
```

  A．1   B．5   C．2   D．0

3．下面程序运行后输出的结果是（　　　）。

```
int i = 0, j = 9;
do {
    if(i++ > --j)
        break;
} while(i < 4);
System.out.println("i = " + i + " and j = " + j);
```

  A．i = 4 and j = 4   B．i = 5 and j = 5

  C．i = 5 and j = 4   D．i = 4 and j = 5

4.2　for 循环

前面介绍了 while 循环和 do...while 循环，虽然所有循环程序都可以用它们来表示，但是还有另一种循环语句，它使得一些循环结构变得更加简单，其执行次数是在执行前就确定的，它就是 for 循环。

4.2.1　for 循环

和 while 循环一样，for 循环也属于当型循环，但是它包含了更多的循环逻辑，其语法结构如下：

```
for ( [表达式 1]; [表达式 2]; [表达式 3] ) {
    // 循环体语句
}
```

语法说明如下：

①先执行表达式 1（循环变量初始化），该表达式仅在第一次循环时执行，以后都不会再执行；

②再执行表达式 2（循环条件），如果其值为真（true），则执行循环体，否则循环结束；

③执行完循环体后再执行表达式 3（循环变量增值）；

④重复执行步骤②和③，直到表达式 2 的值为假（false），则循环结束。

上面的步骤中，②和③是一次循环，会重复执行，for 循环语句的主要作用就是不断执行步骤②和③。

⑤表达式 1、表达式 2、表达式 3 属于可选项，在实际应用过程中都可以省略。

其流程图描述如图 4-7 所示。

例如，以下代码使用 for 循环来判断，当变量 i 小于 5 时，将变量 x 和变量 i 的值相加并赋值给变量 x，如果 i 的初始值为 5，则循环体不会被执行：

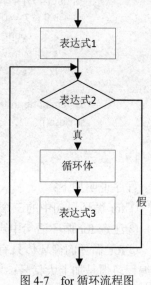

图 4-7　for 循环流程图

```java
for (int i = 1; i < 5; i++) {
    x = x + i;
}
```

【例 4-5】公司现在需要打印中国结的主结（位于中间，最大的那一个结），为了打印出漂亮新颖的主结，于是设计了打印主结的长度满足可以被 7 整除这个条件。现在公司需要统计某个范围内能被 7 整除的整数的个数，以及这些能被 7 整除的整数的和。

从键盘上输入一个整数 n，输出 1~n 之间能被 7 整除的整数的个数，以及这些能被 7 整除的整数的和。

（1）解题思路

计算 1~n 之间能被 7 整除的整数的个数以及这些数的和，从 1 至 n 循环地去判断它们是不是 7 的倍数，如果是的，则计数器 count+1，再将该数加到 sum 中。表达式 i%7==0，如果成立则表示这个数能被 7 整除。

（2）程序流程图

本例程序流程图如图 4-8 所示。

（3）Java 源代码

```java
package com.csmz.chapter04.example;
import java.util.Scanner;
public class Example05 {
    public static void main(String[] args) {
        Scanner sc = new Scanner(System.in);
        System.out.print("请输入 n：");
        int n = sc.nextInt();
        int count = 0;
        int sum = 0;
```

```
            for (int i = 1; i <= n; i++) {
                if (i % 7 == 0) {
                        count++;
                        sum += i;
                }
            }
            System.out.println("1-" + n + "之间能被 7 整除的数有" + count + "个，它们的和是：" + sum);
            sc.close();
        }
    }
```

程序说明如下：

①for 循环语句中的三个表达式使用分号（;）隔开；

②注意 for 循环语句中声明的变量 i 的作用域；

③for 循环的循环体只有 if 语句这一条语句的时候，可以省略大括号不写，但是良好的编程习惯是加上大括号；

④程序运行结果如下：

请输入 n：100

1~100 之间能被 7 整除的数有 14 个，它们的和是：735

在本章第一节中的【例 4-1】和【例 4-4】中分别使用了 while 循环和 do…while 循环来计算 1~100 的累加和，从上述两例中的代码可以看到，表达式 1、表达式 2、表达式 3 被放到了不同的地方，代码结构较为松散。为了让程序更加紧凑，可以使用 for 循环来代替。

【例 4-6】for 循环示例：计算 1 加到 100 的值，将最后的累加值输出。

（1）解题思路

相比使用 while 和 do…while 循环来实现 1~100 的累加和，使用 for 循环结构来实现将使得程序代码更加紧凑，代码结构也一目了然。

（2）程序流程图

本例程序流程图如图 4-9 所示。

（3）Java 源代码

```java
package com.csmz.chapter04.example;
public class Example06 {
    public static void main(String[] args) {
        int sum = 0;
        for (int i = 1; /*表达式 1*/ i <= 100; /*表达式 2*/ i++/*表达式 3*/) {
            sum = sum + i;
        }
        System.out.println("1~100 的累加和为：" + sum);
    }
}
```

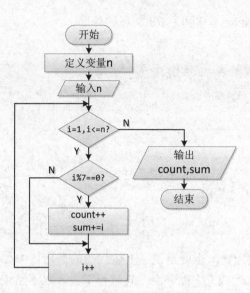

图 4-8 【例 4-5】程序流程图

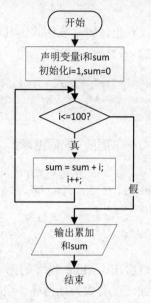

图 4-9 【例 4-6】程序流程图

程序说明：

①执行到 for 语句时，先执行表达式 1（声明变量 i 并给 i 赋初值 1），再执行表达式 2（判断 i<=100 是否成立）；因为此时 i=1，i<=100 成立，所以执行循环体。循环体执行结束后，sum 的值为 1，再执行表达式 3（i++）；

②第二次循环时，i 的值为 2，i<=100 成立，继续执行循环体。循环体执行结束后，sum 的值为 3，再执行 i++；

③重复执行步骤②，直到第 101 次循环，此时 i 的值为 101，i<=100 不成立，所以循环结束，执行循环后面的输出语句。

④表达式 3 很多情况下是一个带有自增或自减操作的表达式，以使循环条件逐渐变得不成立。

⑤程序运行结果如下：

1~100 的累加和为：5050

4.2.2 for 循环变体

在前面 for 循环的基本语法结构的描述中指出，表达式 1 表达式 2 和表达式 3 都是可选项，都可以省略，但是 for 循环结构中用于分隔三个表达式的分号（;）必须保留，否则会提示错误。对 for 循环中的三个表达式进行不同的省略可以出现一些不同的 for 循环变体。下面所有的代码片段都是修改自"计算从 1~100 的累加和"一例中的代码。

（1）省略表达式 1

```
int i = 1;        // 表达式 1
for (; i <= 100; /* 表达式 2 */ i++/* 表达式 3 */) {
    sum = sum + i;
}
```

可以看出，省略表达式 1 其实就是将 int i = 1 移到了 for 循环的外面。

（2）省略表达式 2

```
for (int i = 1; /* 表达式 1 */ ; /* 表达式 2 */ i++/* 表达式 3 */) {
    sum = sum + i;
}
```

相当于下面的 while 循环：

```
int i=1;          // 表达式 1
while(true /* 表达式 2 */){
    sum=sum+i;
    i++;          // 表达式 2
}
```

可以看出，while 循环的循环条件一直为真，也就是说，上述代码的循环体中如果不做其他处理就会成为死循环。当循环条件永远成立，循环会一直进行下去，永不结束，这会对程序造成很大的危害，这个是在使用循环结构的时候一定要避免的情况。

（3）省略表达式 3

```
for (int i = 1; /* 表达式 1 */ i <= 100; /* 表达式 2 */) {
    sum = sum + i;
    i++;          //表达式 3
}
```

当省略了表达式 3，就不会修改表达式 2（循环条件）中的变量值，这时就需要在 for 循环的循环体中加入修改变量值的语句，来避免出现死循环。

（4）省略表达式 1 和表达式 3

```
int i=1;          // 表达式 1
for (; i <= 100; /* 表达式 2 */) {
    sum = sum + i;
    i++;          // 表达式 3
}
```

相当于下面的 while 循环：

```
int i=1;          // 表达式 1
while (i <= 100 /* 表达式 2 */) {
    sum = sum + i;
    i++;          // 表达式 3
}
```

可以看出，同时省略表达式 1 和表达式 3，就是将表达式 1 移到了 for 循环的外面，将表达式 3 移到了 for 循环的循环体中。

（5）同时省略 3 个表达式

```
for( ; ; ){
}
相当于:
while(true) {
}
```

（6）表达式 1 和表达式 3 可以是一个简单表达式也可以是逗号表达式

```
int k = 0;
for (int i = 0, j = 100; i <= 100; i++, j--) {
    k = i + j;
}
```

4.2.3 增强 for 循环

从 Java 5 开始引入了一种主要用于数组的增强型 for 循环，也叫 for each 循环。Java 增强 for 循环语法结构如下：

```
for(声明语句 : 表达式) {
    // 循环体语句
}
```

语法说明如下：

①声明语句：声明新的局部变量，该变量的类型必须同数组或者集合元素的类型匹配。其作用域限定在循环语句块，其值与此时数组或者集合元素的值相等。

②表达式：表达式是要访问的数组或者集合名，或者是返回值为数组或者集合的方法。

例如，以下代码使用增强 for 循环来将 numbers 数组中的每一个 int 类型的元素值进行输出，并使用逗号（,）隔开：

```
for (int i : numbers) {
    System.out.print(i + ",");
}
```

对于增强 for 循环来说，具有以下缺点：

☑　对于数组，不能方便地访问下标值；

☑　对于集合，与使用 iterator 相比，不能方便地删除集合中的内容。

因此，除了简单遍历并读取其中的内容外，不建议使用增强 for 循环。增强 for 循环的应用示例见第 5 章【例 5-4】。

4.2.4 循环嵌套

通常在一个循环结构的循环体语句中又包含另一个循环结构，被称为循环嵌套。在实际的使用过程中，一般只使用双重循环嵌套，因为三重及以上的循环嵌套，不仅程序执行效率低，而且可读性差。由于 while 循环、do…while 循环和 for 循环在大部分情况下都可以转换，在此以 for 循环的嵌套为例来进行介绍，其他循环的嵌套原理相同。

双重 for 循环的语法如下：

```
for (表达式 1; 循环条件 1; 表达式 2) {
    // 代码段，也可以没有代码
    for (表达式 3; 循环条件 2; 表达式 4) {
        // 内层 for 循环结构循环体
    }
}
```

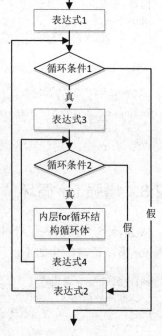

语法说明如下：

①如果条件 1 成立，则执行内层 for 循环，否则双重 for 循环直接结束；

②如果条件 1 成立，并且条件 2 成立，则执行内层 for 循环的循环体；

③程序代码是顺序、同步执行的，当前代码必须执行完毕后才能执行后面的代码。因此，外层 for 循环每次循环时，都必须等待内层 for 循环执行完毕才能进行下次循环。

其流程图描述如图 4-10 所示。

例如，以下代码使用双重 for 循环来实现输出一个 4×4 的整数矩阵：

图 4-10　双重 for 循环结构流程图

```
for (int i = 1; i <= 4; i++) {          // 外层 for 循环
    for (int j = 1; j <= 4; j++) {      // 内层 for 循环
        System.out.printf("%-4d", i * j);
    }
    System.out.println();
}
```

【例 4-7】选择乘法口诀助记功能，输出阶梯形式的 9×9 乘法口诀表，如图 4-11 所示。

注意：使用循环结构语句实现。

```
1*1=1
1*2=2    2*2=4
1*3=3    2*3=6     3*3=9
1*4=4    2*4=8     3*4=12    4*4=16
1*5=5    2*5=10    3*5=15    4*5=20    5*5=25
1*6=6    2*6=12    3*6=18    4*6=24    5*6=30    6*6=36
1*7=7    2*7=14    3*7=21    4*7=28    5*7=35    6*7=42    7*7=49
1*8=8    2*8=16    3*8=24    4*8=32    5*8=40    6*8=48    7*8=56    8*8=64
1*9=9    2*9=18    3*9=27    4*9=36    5*9=45    6*9=54    7*9=63    8*9=72    9*9=81
```

图 4-11　九九乘法口诀表

（1）解题思路

输出九九乘法表可以使用双重循环，i 循环控制输出的行（i 从 1 到 9 循环），j 循环控制每一行中输出的内容（j 从 1 到 i 循环，输出到对角线，形为下三角），每输出一个乘法式子，输出一个制表符（\t）以使所有的式子左侧对齐。

（2）程序流程图

本例程序流程图如图 4-12 所示。

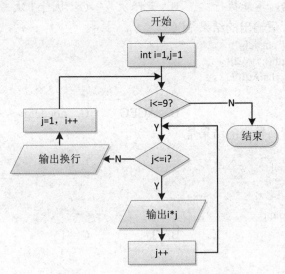

图 4-12　【例 4-7】程序流程图

（3）Java 参考代码

```java
package com.csmz.chapter04.example;
public class Example07 {
    public static void main(String[] args) {
        for (int i = 1; i <= 9; i++) {          // 外层循环，控制输出行
            for (int j = 1; j <= i; j++) {       // 内层循环，控制每行输出的内容
                System.out.print(j + "*" + i + "=" + i * j + "\t");
            }
            System.out.println();
        }
    }
}
```

程序说明如下：

①本例是一个简单的双重 for 循环，外层 for 循环和内层 for 循环交叉执行，外层 for 循环每执行一次，内层 for 循环就要执行 i 次；

②注意使用制表符（\t）控制格式对齐；

③内层 for 循环每循环一次输出一个乘法式子，而外层 for 循环每循环一次输出一行乘法式子；

④通俗地描述双重 for 循环：外层 for 循环控制行，内层 for 循环控制列；

⑤程序运行结果如图 4-11 所示。

 **练一练**

1. 以下由 for 语句构成的循环执行的次数是（　　　）。

```
for(int i = 0; true ; i++);
```

      A．有语法错，不能执行　　　B．无限次　　C．执行 1 次　　D．一次也不执行

2. 以下程序运行后输出的结果是（　　　）。

```
String s = new String("abcdefg");
for(int i = 0; i < s.length(); i += 2){
    System.out.print(s.charAt(i));
}
```

      A．aceg　　　　　　　　B．ACEG　　C．abcdefg　　D．abcd

3. 以下程序运行后输出的结果是（　　　）。

```
int count = 1;
for(int i = 1; i <= 5; i++){
    count += I;
}
System.out.println(count);
```

      A．5　　　　　　　　　B．1　　　　C．15　　　　D．16

4.3　跳转语句

在执行循环结构的过程中，如果想在不满足结束条件的情况下提前结束循环，可以使用 break 或者 continue 跳转语句。break 语句和 continue 语句在进行跳转的时候有所区别：break 语句用来结束当前循环结构的所有循环，循环结构的语句不再有执行的机会；而 continue 语句用来结束循环结构的当次循环，直接跳到下一次循环，如果循环结构的循环条件成立，还会继续执行该循环结构。

4.3.1　break 语句

在学习多分支结构 switch 语句时，可以通过 break 语句来跳出 switch 语句。当需要提前结束循环的时候，同样可以使用 break 语句来跳出循环，这里的跳出循环指的是跳出整个循环语句，转而执行循环语句后面的代码。break 关键字通常和 if 语句一起使用，即满足条件时便跳出循环。

【例 4-8】假设一张足够大的纸，纸张的厚度为 0.5 毫米。请问对折多少次以后，可以达到珠穆朗玛峰的高度（最新数据：8844.43 米）。请编写程序输出对折次数。

注意：使用循环结构语句实现，直接输出结果不计分。

（1）解题思路

设纸张的初始厚度 th 为 0.5 毫米，纸张被折一次增加一倍的厚度，折 n 次以后，当其厚度大于或者等于珠峰高度（height）8844.43 米，折叠结束，得到了所需的折叠次数 n。

（2）程序流程图

本例程序流程图如图 4-13 所示。

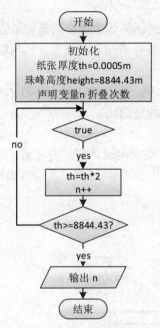

图 4-13　【例 4-8】程序流程图

（3）Java 源代码

```java
package com.csmz.chapter04.example;
public class Example08 {
    public static void main(String[] args) {
        double th = 0.0005;            // 纸片的厚度
        double height = 8844.43;       // 珠峰的高度
        int n = 0;                     // 折叠次数
        while (true) {
            th = th * 2;
            n++;
            // 当折叠后的纸片厚度大于或者等于珠峰的高度时，跳出循环
            if (th >= height) {
                break;
            }
        }
        System.out.println("对折" + n + "次以后，可达到珠穆朗玛峰高度");
    }
}
```

程序运行结果如下：

对折 25 次以后，可达到珠穆朗玛峰高度

4.3.2 continue 语句

continue 语句的作用是跳过循环体中剩余的语句而强制进入下一次循环。continue 语句只用在循环结构中，常与 if 条件语句一起使用，当判断条件成立，则跳出当次循环，执行下一次循环。

【例 4-9】continue 语句示例：在计算 1 加到 100 的累加和时，要求不把 50 加入到累加和的值中，将最后的累加和的值输出。

（1）解题思路

本题同样可以使用循环结构来实现，但是要注意，在执行累加操作时，当执行到 50 的时候，这个累加操作不需要进行，而执行下一次循环操作，因此需要用到 continue 语句。

（2）程序流程图

本例程序流程图如图 4-14 所示。

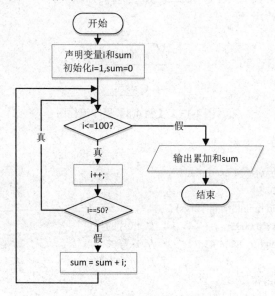

图 4-14 【例 4-9】程序流程图

（3）Java 源代码

```java
package com.csmz.chapter04.example;
public class Example09 {
    public static void main(String[] args) {
        int i = 0;          // 表达式 1
        int sum = 0;
        while (i < 100 /* 表达式 2 */) {
            i++;          // 表达式 3
            // 当执行到 50 时，跳过累加操作，执行下一次循环
            if (i == 50) {
```

```
                continue;
            }
            sum = sum + i;
        }
        System.out.println("1~100，除去 50 的累加和为：" + sum);
    }
}
```

程序运行结果如下：

1~100，除去 50 的累加和为：5000

 **练一练**

1．能从循环语句的循环体中跳出的语句是（　　　）。

　　A．for 语句　　　B．break 语句　　　C．continue 语句　　　D．while 语句

2．以下程序运行后输出的结果是（　　　）。

```
int i=5;
do{
    if(i%3==1)
        if(i%5==2) {
            System.out.printf("*%d", i);
            break;
        }
    i++;
}while(i!=0);
System.out.println();
```

　　A．*7　　　　　　B．*3*5　　　　　　C．*5　　　　　　D．*2*6

3．在循环执行过程中，希望当某个条件满足时退出循环，使用_____语句。

4．continue 语句的作用是_____。

4.4　循环结构编程综合实例

【例 4-10】已知鸡和兔的总数量为 n，总腿数为 m。输入 n 和 m，依次输出鸡和兔的数目，如果无解，则输出 NO answer。

注意：用循环语句实现。

（1）解题思路

经典算法鸡兔同笼问题，输入鸡兔总数量 n，鸡兔总腿数为 m，循环变量 count 表示鸡的数量，从 1 到 n 循环，每次循环判断表示式 count*2+(n-count)*4==m，若成立则输出鸡兔数量并结束程序，若全部循环后没有一次成立，则输出 NO answer，结束程序。

（2）程序流程图

本例程序流程图如图 4-15 所示。

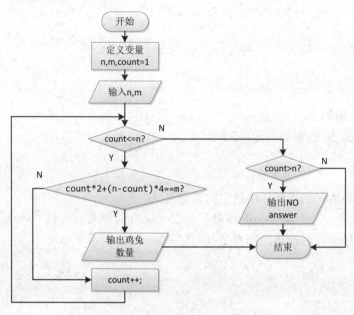

图 4-15　【例 4-10】程序流程图

（3）Java 源代码

```java
package com.csmz.chapter04.example;
import java.util.Scanner;
public class Example10 {
    public static void main(String[] args) {
        Scanner scanner = new Scanner(System.in);
        System.out.print("请输入鸡兔的总数：");
        int n = scanner.nextInt();
        System.out.print("请输入鸡兔的腿总数：");
        int m = scanner.nextInt();
        int count = 1; // 鸡的数量
        for (count = 1; count <= n; count++) {
            if ((count * 2 + (n - count) * 4) == m) {
                System.out.println("鸡的数目：" + count);
                System.out.println("兔的数目：" + (n - count));
                break;
            }
        }
        if (count > n) {
            System.out.println("NO answer");
        }
        scanner.close();
    }
}
```

程序运行结果如下：

请输入鸡兔的总数：100

请输入鸡兔的腿总数：240

鸡的数目：80

兔的数目：20

【例 4-11】由于中国结的形状是菱形图案，所以现在公司需要设计一个打印菱形的方法。从键盘输入一个整数 n，打印出有 n×2-1 行的菱形。

```
      *
     ***
    *****
   *******
    *****
     ***
      *
```

图 4-16　4 行菱形

例如，输入整数 4，则屏幕输出如图 4-16 所示的菱形。

现要求输入整数为 7，在屏幕中输出相应的菱形。

要求：用循环结构语句实现。

（1）解题思路

要输出如图 4-16 所示的菱形，上半部分和下半部分要分开来用双重循环控制输出。输入一个数 num 为菱形的层数，上半部分（外循环控制每行的输出，i 从 1 到 num）左边的空格数从多到少用一个循环控制（j 循环从 num-i 到 1），*号由少到多也由一个循环控制（k 循环从 1 到 2×i-1），空格和符号的输出使用 print()方法，没有换行，所以每输出一行需换行。下半部分则相反，空格由少到多，*号由多到少，注意思考下半部分循环变量的变化。

（2）程序流程图

本例程序流程图如图 4-17 所示。

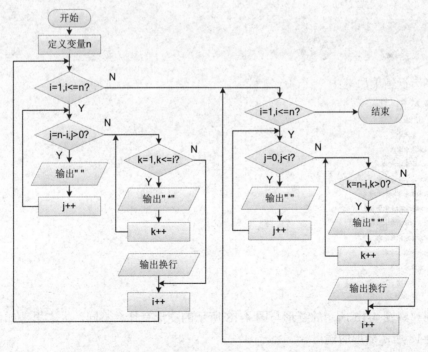

图 4-17　【例 4-11】程序流程图

（3）Java 源代码

```java
package com.csmz.chapter04.example;
import java.util.Scanner;
public class Example11 {
    public static void main(String[] args) {
        Scanner sc = new Scanner(System.in);
        System.out.print("请输入 n： ");
        int num = sc.nextInt();                    // 输入 n
        // 打印上三角部分
        for (int i = 1; i <= num; i++) {           // 控制输出行
            for (int j = num - i; j > 0; j--) {    // 控制输出左边空格
                System.out.print(" ");
            }
            for (int k = 1; k <= 2 * i - 1; k++) { // 控制输出*
                System.out.print("*");
            }
            System.out.println();                  // 输出一行后换行
        }
        // 打印下三角部分
        for (int i = 1; i < num; i++) {
            for (int j = 0; j < i; j++) {
                System.out.print(" ");
            }
            for (int k = 2 * (num - i) - 1; k > 0; k--) {
                System.out.print("*");
            }
            System.out.println();
        }
        sc.close();
    }
}
```

程序运行结果如下：

请输入 n：7
```
      *
     ***
    *****
   *******
  *********
 ***********
*************
 ***********
  *********
   *******
    *****
     ***
      *
```

仔细观察图 4-16 所示的菱形与图 4-18 所示的菱形有什么不同，大家思考如何编程实现如图 4-18 所示菱形的输出。

【例 4-12】学习情境中问题的解决方案。中国古代的《算经》记载了这样一个问题：

公鸡 5 文钱 1 只，母鸡 3 文钱 1 只，小鸡 1 文钱 3 只，如果用 100 文钱买 100 只鸡，那么公鸡、母鸡和小鸡各应该买多少只呢？现在请你编程求出所有的解，每个解输出 3 个整数，打印在一行，用空格隔开，分别代表买的公鸡、母鸡和小鸡的数量。

注意：100 文钱要正好用完。请输出所有的解，每个解占一行。

（1）解题思路

本题为百钱买百鸡问题，用 100 文钱买 100 只鸡，公鸡 5 文钱 1 只，母鸡 3 文钱 1 只，小鸡 1 文钱 3 只，列出可以买多少公鸡、母鸡和小鸡。可以使用三重循环 i=1~20（最多可买 20 只公鸡），j=1~33（最多可买 33 只母鸡），k=1~300（最多可买 300 只小鸡），去循环地匹配输出所有的解。匹配条件是买公鸡、母鸡和小鸡的钱之和为 100，公鸡、母鸡和小鸡的数量之和为 100，匹配成功则输出公鸡、母鸡和小鸡的数量。

（2）程序流程图

本例程序流程图如图 4-19 所示。

图 4-18 4 行镂空菱形

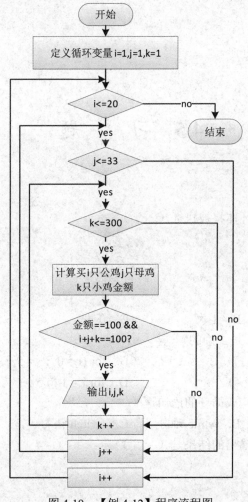

图 4-19 【例 4-12】程序流程图

（3）Java 源代码

```
package com.csmz.chapter04.example;
public class Example12 {
    public static void main(String[] args) {
        for (int i = 1; i <= 20; i++) {              // 公鸡最多可买 20 只
            for (int j = 1; j <= 33; j++) {          // 母鸡最多可买 33 只
                for (int k = 1; k < 300; k++) {      // 小鸡最多可买 300 只
                    float sum = i * 5.0f + j * 3.0f + k * 1.0f / 3.0f;
                    if (sum == 100.0 && (i + j + k == 100)) {
                        System.out.println(i + " " + j + " " + k);
                    }
                }
            }
        }
    }
}
```

程序运行结果如下：

4 18 78

8 11 81

12 4 84

4.5 习　　题

一、选择题

1. 以下代码中的循环体将被执行（　　　）。

```
int x = 5,y = 20;
do {
  y -= x;
  x += 2;
}while(x < y);
```

　　A．2 次　　　　　　B．1 次　　　　　　C．0 次　　　　　　D．3 次

2. 下面哪个 for 循环是正确的？（　　　）

　　A．for (i <= 5; i++)　　　　　　B．for (i = 0; i <= 5; i++)

　　C．for (i = 0; i <= 5)　　　　　　D．for i = 1 to 5

3. 以下语句中不能构成循环的语句是（　　　）。

　　A．for 语句　　　B．while 语句　　　C．switch 语句　　　D．do … while 语句

4. 以下程序运行后输出的结果是（　　　）。

```
int i=1,sum=0;
while(i<=4){
  sum=sum+i;
```

```
    i=i+1;
}
System.out.println(sum);
```

  A. 4　　　　　　　B. 5　　　　　　　C. 10　　　　　　　D. 死循环

5. 以下程序运行后输出的结果是（　　　）。

```
int i=1,sum=0;
while(i<=4)
   sum=sum+i;
   i=i+1;
System.out.println(sum);
```

  A. 4　　　　　　　B. 5　　　　　　　C. 10　　　　　　　D. 死循环

6. 以下程序运行后输出的结果是（　　　）。

```
int n=9;
   while(n>6){
     n--;
     System.out.print(n);
}
```

  A. 987　　　　　　B. 876　　　　　　C. 8765　　　　　　D. 9876

7. 若 i 为整型变量，则以下循环执行的次数是（　　　）。

```
for(int i=2;i==0;)
   System.out.printf("%d",i--);
```

  A. 无限次　　　　　B. 0　　　　　　　C. 1　　　　　　　D. 2

8. 执行语句 for(i=1;i++<4;)后,变量 i 的值是（　　　）。

  A. 3　　　　　　　B. 4　　　　　　　C. 5　　　　　　　D. 不确定

9. 下列语句序列执行后，j 的值是（　　　）。

```
int j = 1;
   for( int i = 5; i > 0; i -= 2 )
j *= i;
```

  A. 15　　　　　　　B. 1　　　　　　　C. 60　　　　　　　D. 0

10. 以下程序运行后输出的结果是（　　　）。

```
int i=5;
do{
   if(i%3==1)
     if(i%5==2) {
        System.out.printf("*%d", i);
        break;
     }
   i++;
}while(i!=0);
System.out.println();
```

  A. *7　　　　　　　B. *3*5　　　　　　C. *5　　　　　　　D. *2*6

二、判断题

1. 无论判断条件是否成立，while 语句都要执行一次循环体。（　　　）

2．while 语句的执行效率比 do…while 语句高。（　　　）

3．for 语句可以省略其中某个或者多个表达式，但不能同时省略全部 3 个表达式。（　　　）

4．在循环体内使用 break 语句和 continue 语句的作用相同。（　　　）

5．continue 语句的作用是：使程序的执行流程跳出包含它的所有循环。（　　　）

6．break 语句只能用在循环体内和 switch 语句体内。（　　　）

7．while 循环和 do…while 循环除了格式不同外，功能完全相同。（　　　）

8．do…while 语句是先执行循环体，后判断条件表达式是否成立。（　　　）

9．在省略 for 语句某个表达式时，如果该表达式后面有分号，分号必须保留。（　　　）

10．do…while 语句构成的循环不能用其他语句构成的循环来代替。（　　　）

三、填空题

1．在 do…while 循环中，在 while 后的表达式应为＿＿＿表达式或＿＿＿表达式。

2．for 循环是先＿＿＿，后执行＿＿＿。

3．do…while 循环中，条件表达式为＿＿＿，循环结束。

四、预测以下代码段的输出结果

1.

```java
int i = 10, j = 0;
do {
    j = j + i;
    i--;
} while (i > 2);
System.out.println(j);
```

2.

```java
int i = 10, j = 20;
while (i++ < --j) {
}
System.out.println(i + " " + j);
```

3.

```java
int s, i;
for (s = 0, i = 1; i < 3; i++, s += i)
    System.out.println(s);
```

4.

```java
int i, j, k;
for (i = 0; i <= 2; i++) {
    for (k = 1; k <= i; k++)
        System.out.print(" ");
    for (j = 0; j <= 3; j++)
        System.out.print("*");
    System.out.println();
}
```

五、编程题

1. 编写一个程序，从键盘输入 10 个整数，计算并输出这 10 个数的平均值。

2. 编写一个程序，求 100 以内的偶数和，即：2+4+6+…+100 的和。

3. 编写一个程序，找出 1000 之内的所有完数，并按下面格式输出其因子：

$$6 \text{ its factors are } 1,2,3,$$

所谓"完数"是指一个数恰好等于它的因子之和，因子是指能够整除该数的数。

4. 编写一个程序，把从键盘输入的金额数（以元为单位）按人民币面额划分，然后显示支付该金额的各种面额人民币的数量。

例如：126 元可以表示为 100 元 1 张；20 元 1 张；5 元 1 张；1 元 1 张。

为了简单可以只完成整数部分转换，即输入的金额数为整数。

5. 编写一个程序，打印 100 以内所有能被 3 整除的数，每五个数打印一行。

6. 编写一个程序，从键盘输入 n，求 s=1+(1+2)+(1+2+3)+…+(1+2+3+…+n)的值。

第5章

数组

【学习情境】 使用数组实现停电停多久问题的关键算法。

【问题描述】

某学校软件技术专业的老师为训练学生编程逻辑和编程思维，决定开发一个网上训练平台，供学生课后进行编程训练。学生可以使用系统提交程序并由系统对程序的正确性进行判定。为实现该系统，需要提供大量的练习题及对应的程序。请完成以下任务。

【任 务】 实现停电停多久问题的关键算法并绘制流程图。

☑ Lee 的老家住在工业区，日耗电量非常大。

☑ 今年7月，为了控制用电量，政府要在7、8月份对该区进行拉闸限电。政府决定从7月1日起停电，然后隔一天到7月3日再停电，再隔两天到7月6日停电，依次下去，每次都比上一次长一天。Lee 想知道自己这个暑假到底要经历多少天倒霉的停电。请编写程序帮他算一算。

【要 求】

从键盘输入放假日期和开学日期，日期限定在7、8月份，且开学日期大于放假日期，然后在屏幕上输出停电天数。

【提 示】 可以用数组来标记停电的日期。

5.1　一维数组

数组（Array）是一种最简单的复合数据类型，是由一组具有相同数据类型的元素构成的有序集合。其中的元素可以是 byte、short、int、long、float、double、char 或 boolean 等同一种基本数据类型，也可以是指向同一类对象的引用类型。数组分为一维数组和多维数组，在 Java 编程中最常用的是一维数组。本节将从数组的定义、初始化、数组元素的引用、数组遍历及数组编程等几个方面来学习。

5.1.1　一维数组的定义

数组中的一个数据成员称为数组元素。例如：一个班级所有学生的手机号码可以使用一维数组保存，学生张三的手机号码是其中的一条数据，成为数组的一个元素。一维数组中的各个元素排成一行，通过数组名和一个下标就能访问一维数组中的元素，数组的下标通常从 0 开始定义。一维数组的逻辑结构如图 5-1 所示。

图 5-1　一维数组的逻辑结构图

在 Java 语言中，一个数组实质上也是一个对象，必须通过指向数组对象的引用变量才能访问数组及其中的元素。因此，数组的定义包括数组声明和为数组分配空间。

1. 一维数组声明

声明一维数组即定义指向数组对象的引用变量（又称数组引用变量，简称数组变量），语法如下：

type arrayName[];

或

type[] arrayName;

说明：类型 type 可以是 Java 中任意的基本数据类型或引用类型，数组名 arrayName 是一个合法的标识符，[]指明该变量是一个数组类型变量。

例如：

int intArray[]; 或 int[] intArray;

以上语句定义了能够指向 int 型数组对象的数组变量 intArray，但此时，数组变量 intArray 还没有指向任何一个 int 型数组对象。

数组声明语法的两种形式没有区别，使用效果完全一样，可根据自己的编程习惯选择使用。但是如果在一个数组声明语句中同时声明多个数组变量，第 2 种声明格式书写起来简单些。

例如：

int[] a,b,c;

相当于

int a[],b[],c[];

注意：与其他高级语言不同，Java 在数组声明时并不为数组分配存储空间，因此在声明的[]中不能指出数组中元素的个数（即数组长度），例如：int a[2]就是错误的声明。而且对于如上声明的数组是不能访问它的任何元素的，必须分配存储空间创建数组后，才能访问数组的元素，当仅有数组声明而未分配存储空间时，数组变量中只是一个值为 null 的空引用指针。

2．一维数组空间分配

定义数组变量之后，可以使用 new 运算符创建指定长度的数组对象，为数组对象分配内存空间，然后使用赋值运算符将数组指向新创建的数组对象。语法如下：

type[] arrayName;

ayyayName = new type[arraySize];

或

type[] arrayName = new type[arraySize];

说明：其中 arrayName 是数组变量名，type 是数组元素的类型，arraySize 是数组的长度，可以是整型常量或变量。通过数组运算符 new 为数组 arrayName 分配 arraySize 个 type 类型大小的空间。

例如：

int[] intArray;

intArray = new int[6];

或

int intArray[] = new int[6];

以上语句定义了一个长度为 6 的 int 型数组对象，该数组包含 6 个元素，每个元素对应于一个 int 型整数变量，并可以存储 int 型数据。然后将数组变量 intArray 指向新创建的 int 型数组对象。

3．一维数组初始化

数组在使用之前通常还需要赋给初始值，即初始化。数组对象的初始化有静态初始化和动态初始化两种方式。

（1）静态初始化

静态初始化即直接赋值，格式如下：

type arrayName[] = {element1,element2…};

说明：其中 element 为类型 type 的初始值，element 元素的个数即为数组的大小，由系统统计数组的长度。

例如：

int intArray[] = {1,2,3,4,5};　　　　　　　　//定义 5 个元素的整型数组

double decArray[] = {1.1,2.2,3.3};　　　　　　//定义 3 个元素的 double 数组

String strArray[] = {"Java","BASIC","FORTRAN"};　//定义 3 个元素的字符串数组

（2）动态初始化

使用 new 运算符为数组分配存储空间后，数组元素就具有了默认的初始值了。整型数组元素的默认值为 0，浮点型数组元素的默认值为 0.0f，字符型数组元素的默认值为空（即：'\u0000'），布尔类型数组元素默认值为 false，对象类型数组元素的默认值为 null。

例如：

double b[] = new double[5];　　　// 给数组 b 分配 5 个双精度实型数据空间，数组元素
　　　　　　　　　　　　　　　　　的初始值为 0.0

String s[] = new String[2];　　　 // 给数组 s 分配 2 个元素的引用空间，数组元素的初
　　　　　　　　　　　　　　　　　始值为 null

（3）复合类型数组元素初始化

一般情况下，复合类型的数组需要进一步对数组元素用 new 运算符进行空间分配并初始化。例如：下面是 Java 图形界面应用程序中使用按钮数组的定义。

Button btn[];　　　　　　　　　// 声明一个 Button 按钮类型的数组 btn

btn = new Button[2];　　　　　　// 给数组 btn 分配 2 个元素的引用空间

btn[0] = new Button("确定");　　 // 为 btn[0]分配空间并赋显示文本：确定

btn[1] = new Button("退出");　　 // 为 btn[1]分配空间并赋显示文本：退出

当然，在比较简单的情况下，上述操作可简化为：

Button btn[] = {new Button("确定"), new Button("退出")};

【例 5-1】声明整型、实型、字符型、布尔型、字符串类型和按钮对象类型数组变量各一个，长度为 3，并输出这些数组元素。

（1）解题思路

按本小节的方法声明各种类型的数组，并为它们分配空间。然后输出各数组元素，观察输出结果，了解各种数据类型数组的默认初始值。

（2）程序流程图

本例程序流程图如图 5-2 所示。

（3）Java 参考代码

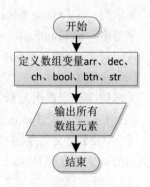

图 5-2　【例 5-1】程序流程图

```
package com.csmz.chapter05.example;
import java.awt.Button;
/*
 *  Java 的基本数据类型有（4 类 8 种）：整型（byte、short、int、long）、
 *  浮点型（float、double）、字符型（char）和布尔型（boolean）
 *  实验目的：声明不同数据类型的数组，了解它们的默认初始值是多少
```

```
*/
public class Example01 {
    public static void main(String[] args) {
        // 基本类型
        int[] arr;
        arr = new int[3];
        double dec[] = new double[3];
        char[] ch = new char[3];
        boolean bool[] = new boolean[3];
        // 对象类型
        Button btn[] = new Button[3];
        String[] str = new String[3];
        // 输出
        System.out.println("整型："+arr[0]+","+arr[1]+","+arr[2]);
        System.out.println("浮点型："+dec[0]+","+dec[1]+","+dec[2]);
        System.out.println("字符型："+ch[0]+","+ch[1]+","+ch[2]);
        System.out.println("布尔型："+bool[0]+","+bool[1]+","+bool[2]);
        System.out.println("字符串："+str[0]+","+str[1]+","+str[2]);
        System.out.println("按钮对象："+btn[0]+","+btn[1]+","+btn[2]);
    }
}
```

程序运行结果如下：

整型：0,0,0

浮点型：0.0,0.0,0.0

字符型：, ,

布尔型：false,false,false

字符串：null,null,null

按钮对象：null,null,null

代码说明如下：

①理解字符型数组元素的默认值。

②String 类型和 Button 类型均为对象类型。

【例 5-2】定义类型为 Object 的数组，任意输入 5 个不同类型的数据保存到 Object 对象数组中，输出这 5 个元素。

（1）解题思路

Object 在 Java 中被定义为一个顶级父类，它是任何类的父类。类的定义及应用在面向对象编程部分学习，此处了解即可。Object a[]声明 Object 对象数组，new Object[5] 给数组对象 a 分配内存空间，然后分别赋值整型、字符串、布尔型和双精度值，最后遍历输出。

（2）程序流程图

本例程序流程图如图 5-3 所示。

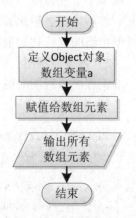

图 5-3 【例 5-2】程序流程图

（3）Java 参考代码

```
package com.csmz.chapter05.example;
public class Example02 {
    public static void main(String[] args) {
        Object a[] = new Object[5];  // 定义数组并分配存储空间
        // 数组初始化
        a[0] = new Integer(3);        // 将整数 3 赋值给 a[0]
        a[1] = new String("张三");
        a[2] = new Boolean("true");
        a[3] = new Character('F');
        a[4] = new Double(1345.68);
        System.out.println(" 编号   姓名   已婚   性别   工资");
        // 输出数组元素
        for (int i = 0; i < 5; i++)
            System.out.print(" " + a[i] + " ");
    }
}
```

程序运行结果如下：

编号　姓名　已婚　性别　工资

3　张三　true　F　1345.68

【例 5-3】输入 10 个整数，按与输入相反的顺序输出它们。

（1）解题思路

保存输入的 10 个整数，需要用到数组。定义数组 a，循环地输入 10 个数组元素（循环变量 i 从 0 到 a.length-1），再循环反序输出这 10 个数（循环变量 i 从 a.length-1 到 0）。

（2）程序流程图

本例程序流程图如图 5-4 所示。

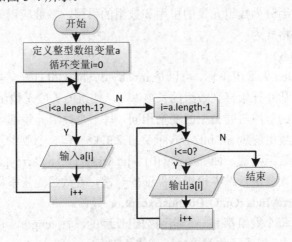

图 5-4　【例 5-3】程序流程图

（3）Java 参考代码

```java
package com.csmz.chapter05.example;
import java.util.Scanner;
public class Example03 {
    public static void main(String[] args) {
        System.out.println("请输入 10 个整数（中间以空格分隔）: ");
        int a[] = new int[10];
        Scanner sc = new Scanner(System.in);
        // 循环输入 10 个数
        for (int i = 0; i < a.length; i++) {
            a[i] = sc.nextInt();
        }
        sc.close();    // 关闭 sc 流
        // 循环反序输出
        for (int i = a.length - 1; i >= 0; i--) {
            int res = 10 - i;
            System.out.print(res + ":" + a[i] + " ");
        }
    }
}
```

程序运行结果如下：

请输入十个整数（中间以空格分隔）：

1 2 3 4 5 6 7 8 9 10

1:10 2:9 3:8 4:7 5:6 6:5 7:4 8:3 9:2 10:1

5.1.2 一维数组的引用

1. 数组元素的引用

一维数组的引用分为数组元素的引用和数组的引用，多数应用为数组元素的引用。一维数组元素的引用格式为：

arrayName[index]

说明：其中 index 为数组下标，可以是 int、byte、short 和 char 等类型，但不允许为 long 类型。下标的取值从 0 开始直到数组的长度减 1，数组的长度是数组中元素的个数。

一维数组元素的引用与同类型的变量相同，每一个数组元素都可以用在同类变量被使用的地方。例如，数组变量 int intArray[] = {1,2,3,4,5};有 5 个数组元素，通过使用不同的下标来引用不同的数组元素，如 intArray[0]、intArray[1]…intArray[4]。

Java 对数组元素要进行越界检查以保证安全性，若数组元素下标小于零、大于或等于数组长度将产生 ArrayIndexOutOfBoundsException 异常。

Java 语言对于每个数组都有一个指明数组长度的属性 length，它与数组的类型无关。例如：intArray.length 指明了数组 intArray 的长度。

对一维数组元素的逐个处理一般用循环结构的程序。

2. 数组的引用

与数组元素的引用不同，数组的引用是引用数组名，数组名是数组的首地址。将一个数组变量复制给另一个数组变量，这时两个变量将引用同一个数组。

例如：

int[] a = {1,2,3};

int[] b = Arrays.copyOf(a, a.length);

说明：数组 b 复制了数组 a 的地址，a 和 b 共享同一个地址。

3. 数组的遍历

实际开发中，经常需要遍历数组以获取数组中的每一个元素，可以使用 for 循环或 for each 循环来实现。

例如：

```
for(int i = 0; i < a.length; i++){
    System.out.println(a[i]);
}
```

说明：以上代码是使用 for 循环输出 a 数组中的所有数组元素。

使用 for each 循环实现的代码如下：

```
for(int e : intArray){
    System.out.println(e);
}
```

说明：for each 循环是 Java SE 5.0 增加的功能很强的循环结构语句，可以一次处理数组中的每个元素，程序员不需要为指定数组的下标而分心。

【例 5-4】实现最小值排头功能。输入 10 个不同的整数，找出其中最小的数，将它与第 1 个输入的数交换位置之后输出这些数。

要求：用数组解决问题，在输入整数时各整数之间用空格分隔。

（1）解题思路

定义整数数组 arr，将第一个数标记为最小值 min，然后从数组的第二个元素开始查找，将后面的元素与标记数比较，如果小于标记值，则修改 min 的值，记录该值在索引中的位置，直到结束，最后将 min 值的索引与第一个元素索引比较，如果不同则交换值，如果相同则第一个元素的值就是最小值，不用交换。

（2）程序流程图

本例程序流程图如图 5-5 所示。

（3）Java 参考代码

```
package com.csmz.chapter05.example;
import java.util.Scanner;
public class Example04 {
    public static void main(String[] args) {
        // min 存放最小值，k 存放数组中的最小值的下标
```

```
        int min = 0, k = 0;
        int[] arr = new int[10];                    // 定义数组并分配存储空间
        Scanner sc = new Scanner(System.in);
        System.out.println("请输入 10 个整数(用空格分隔):");
        for (int i = 0; i < arr.length; i++)
            arr[i] = sc.nextInt();                   // 数组初始化
        min = arr[0];                                // 引用数组元素
        for (int i = 1; i < arr.length; i++) {
            if (arr[i] < min) {
                min = arr[i];                        // 找到更小的数保存至 min
                k = i;                               // 保存最小的数的下标
            }
        }
        if (k != 0) {                                // 交换最小数和第 1 个数
            int temp = arr[k];
            arr[k] = arr[0];
            arr[0] = temp;
        }
        for (int a : arr)
            System.out.print(a + " ");
        sc.close();
    }
}
```

程序运行结果如下：

请输入 10 个整数(用空格分隔):

3 2 1 7 8 9 6 5 4 0

0 2 1 7 8 9 6 5 4 3

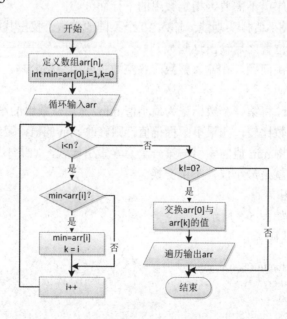

图 5-5　【例 5-4】程序流程图

①示例中包含了数组的定义、初始化及数组元素引用的应用，请仔细体会和理解。

②arr. length 指明了数组 arr 的长度。

【例 5-5】编写一个程序，对用户输入的任意一组字符（如{3，1，4，7，2，1，1，2，2}），输出其中出现次数最多的字符，并显示其出现的次数。如果有多个字符出现次数均为最大且相等，则输出最先出现的那个字符和它出现的次数。例如，上面输入的字符集合中，"1"和"2"都出现了 3 次，均为最大出现次数，因为"1"先出现，则输出字符"1"和它出现的次数 3 次。注意：使用分支、循环结构语句实现。

（1）解题思路

定义两个一维数组 a 和 b，其中 a 存放用户输入的一组字符，b 存放字符在整个字符串中出现的次数。从第一个元素开始访问，扫描整个字符串，如果再次出现该元素，则计数器加 1，扫描结束后计数器值保存到 b 数组。b 数组中存放的是 a 数组中所有字符在整个字符串中出现的次数，如果有相同字符，则这些相同字符在 b 数组中的值是相同的。找到 b 数组中最大的数，且是第一次出现的，记录下标 i，输出 a[i]和最大数即可。如果有相同的最大数，因为程序中比较的是 b[i] > max，找到更大的才记录，如果是相等，则保留第一个最大的数。

（2）程序流程图

本例程序流程图如图 5-6 所示。

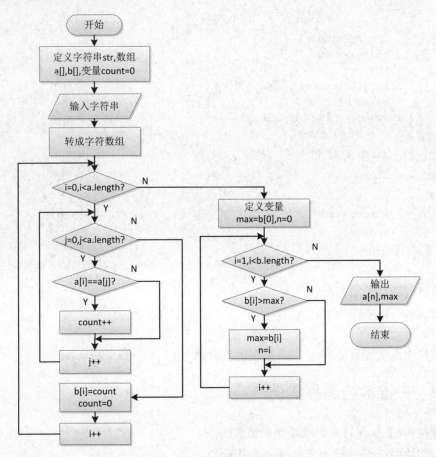

图 5-6　【例 5-5】程序流程图

（3）Java 参考代码

```java
package com.csmz.chapter05.example;
import java.util.Scanner;
public class Example05 {
    public static void main(String[] args) {
        Scanner sc = new Scanner(System.in);
        System.out.println("请输入一组字符：");
        // 输入数据：314721122，中间不要分隔符
        String str = sc.next();
        char[] a = str.toCharArray(); // 3，1，4，7，2，1，1，2，2
        // b[i]统计第 i 个字符在字符串中出现的次数
        int[] b = new int[a.length];
        int count = 0;
        // 遍历字符数组
        for (int i = 0; i < a.length; i++) {
            // 第 i 个字符在字符串中出现的次数
            for (int j = 0; j < a.length; j++) {
                if (a[i] == a[j]) {
                    count++;
                }
            }
            b[i] = count;
            count = 0;
        }
        // 对数组 b 进行查找最大元素
        int max = b[0], n = 0;
        for (int i = 1; i < b.length; i++) {
            if (b[i] > max) {
                max = b[i];
                n = i;
            }
        }
        System.out.println("字符出现次数最多的是：" + a[n] + "，出现的次数是：" + max);
        sc.close();
    }
}
```

程序运行结果如下：

请输入一组字符：

314721122

字符出现次数最多的是：1，出现的次数是：3

5.1.3　一维数组编程实例

【例 5-6】实现冒泡游戏功能关键算法。

原始数组：a[] = {1, 9, 3, 7, 4, 2, 5, 0, 6, 8}

排序后：a[] = {0, 1, 2, 3, 4, 5, 6, 7, 8, 9}

输出排序后的数组，每个数字之间空一个空格。

要求：综合使用分支、循环结构语句实现，直接输出结果不计分。

（1）解题思路

冒泡排序是经典的排序算法，是各种考试（如课程考试、招聘考试等）喜欢考的题目。将数组内的元素按照升序或者降序进行排序，对于含有 n 个元素的整数数组，需要进行 n-1 趟排序，每一趟排序的过程是比较两个相邻的元素，将值较大的元素交换至右端，叫作大数沉底，第二趟排序则是将剩下的 n-1 个元素按照第一趟排序的方式进行，依此类推，到 n-1 趟时，只剩下一个元素，则排序完成。用关键词来总结冒泡排序算法就是：双重循环，相邻两两比较，交换。

（2）程序流程图

本例程序流程图如图 5-7 所示。

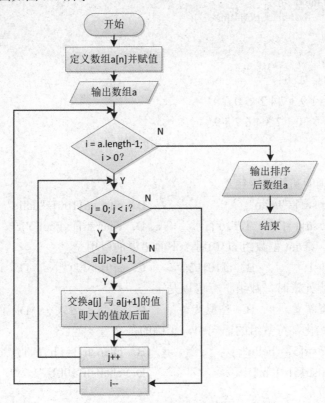

图 5-7　【例 5-6】程序流程图

（3）Java 参考代码

```
package com.csmz.chapter05.example;
public class Example06 {
    public static void main(String[] args) {
        int a[] = { 1, 9, 3, 7, 4, 2, -5, 0, 6, 8 };
        System.out.print("排序前 a[] = ");
```

```
        // 遍历输出数组 a
        for (int n : a)
            System.out.print(n + " ");
        // 冒泡排序
        for (int i = a.length-1; i > 0; i--) {          //i 代表趟数
            for (int j = 0; j < i; j++) {               // 每完成一趟则待排数组长度减 1
                if (a[j] > a[j+1]) {                    // 相邻两两比较
                    int t = a[j];                       // 交换位置，小的放前面
                    a[j] = a[j+1];
                    a[j+1] = t;
                }
            }
        }
        // 遍历输出排序后的数组
        System.out.print("\n 排序后 a[] = ");
        for (int n : a)
            System.out.print(n + " ");
    }
}
```

程序运行结果如下：

排序前 a[] = 1 9 3 7 4 2 -5 0 6 8

排序后 a[] = -5 0 1 2 3 4 6 7 8 9

 练一练

1. 下面正确的初始化语句是（   ）。

    A. char str[]="hello";   B. char str[100]="hello";

    C. char str[]={'h','e','l','l','o'};   D. char str[]={'hello'};

2. 定义了一维 int 型数组 a[10]后，下面错误的引用是（   ）。

    A. a[0]=1;   B. a[10]=2;   C. a[0]=5*2;   D. a[1]=a[2]*a[0];

3. 引用数组元素时，数组下标可以是（   ）。

    A. 整型常量   B. 整型变量   C. 整型表达式   D. 以上均可

4. 下列初始化字符数组的语句中，正确的是（   ）。

    A. char str[5]="hello";   B. char str[]={'h','e','l','l','o','\0'};

    C. char str[5]={"hi"};   D. char str[100]="";

5.2　二维数组

    Java 支持多维数组，本小节简要介绍二维数组的使用。在 Java 语言中，多维数组被看成是数组的数组，例如，二维数组可以看作是一个特殊的一维数组，其中每个元素又是一个一维数组。使用二维数组可方便地处理表格形式的数据。

5.2.1　二维数组的定义

二维数组的定义与一维数组类似，包括数组声明、为数组和数组元素分配空间，以及初始化等内容。

1．二维数组的声明

如果一维数组的元素存储是基于线性存储的，二维数组的元素存储则类似于一个平面，或者像一个网格。二维数组声明的语法如下：

type arrayName[][];
或
type[][] arrayName;
或
type[] arrayName[];

说明：其中 type 是数组的类型，可以是简单类型，也可以是引用类型。与一维数组一样，二维数组的声明不分配数组的存储空间。

例如：

char c[][];　// 声明一个二维 char 类型的数组 c
float f[][];　// 声明一个二维 float 类型的数组 f

2．二维数组的空间分配

使用 new 运算符为二维数组分配存储空间有两种方法。

（1）直接为二维数组的每一维分配空间

语法格式如下：

type[][] arrayName;
arrayName = new type[arraySize1][arraySize2];
或
type[][] arrayName = new type[arraySize1][arraySize2];

说明：其中 arrayName 是已声明的数组名，type 是数组元素的类型，arraySize1 和 arraySize2 分别是数组第一维和第二维的长度，可以为整型常量或变量，通过数组运算符 new 为数组 arrayName 分配 arraySize1 × arraySize2 个 type 类型大小的空间。

例如：

int a[][];
a = new int[3][4];　　　　　　　　// 给数组 a 分配十二个整型数据空间
double b[][] = new double[2][5];　// 给数组 b 分配十个双精度实型数据空间
String s[][] = new String[2][2];　// 给数组 s 分配四个 String 元素的引用空间

（2）从最高维开始分别为每一维分配空间

语法格式如下：

arrayName = new type[arrayLength1][];
arrayName[0] = new type[arrayLength20];

arrayName[1] = new type[arrayLength21];

…

arrayName[arrayLength1-1] = new type[arrayLength2n];

说明：在 Java 语言中，必须首先为最高维分配引用空间，然后再顺次为低维分配空间。注意，在用 new 进行二维数组动态空间分配时可以先只确定第一维的大小，其余维的大小可以在以后分配。在 Java 语言中对二维数组不允许有如 int a[][]= new int [][2];形式的声明语句。

例如：

int a[][]= new int [2][];   // 定义二维数组 a 由两个一维数组构成

a[0] = new int [3];   // 二维数组 a 的第一个一维数组有三个元素

a[1] = new int [5];   // 二维数组 a 的第二个一维数组有五个元素

3．二维数组初始化

二维数组的初始化和一维数组类似，可以直接赋值（即静态初始化），也可以使用 new 关键字来定义。

（1）静态初始化

静态初始化的格式如下：

type arrayName[][] = {{element1,element2…},{element1,element2…},…};

说明：其中 element 为类型 type 的初始值，element 元素的个数即为数组的大小，由系统统计数组的长度。注意，每个一维的元素个数可以不同。

例如：

int [][]arr = {{1,2,3},{4,5,6}}   // 定义两行三列的二维数组

int intArray[][] = {{1,2},{3,4},{5,6,7}};   // 定义一个二维数组，每一维的大小不同

说明：Java 系统将根据初始化时给出的初始值的个数自动计算出数组每一维的大小，示例中，二维数组 intArray 由三个一维数组组成，这三个一维数组的元素个数分别为 2、2、3。在 Java 语言中，由于把二维数组看作数组的数组，数组空间不一定连续分配，所以不要求二维数组每一维的大小相同。

（2）动态初始化

对二维数组用 new 运算符分配存储空间后，就具有了默认初始值，各种数据类型的取值类似于一维数组。

也可以同时使用静态初始化和动态初始化方式定义二维数组：

int a[][]={new int[2],new int[3],new int[4]};

该语句定义二维数组 a 由三个一维数组组成，初始化时用 new 运算符为三个一维数组分配存储空间，每个一维数组的数据个数与存储空间都不同。

（3）复合类型数组元素初始化

与一维数组相同，对于复合类型的数组，要为每个数组元素单独分配空间。

例如：

String s[][] = new String [2][];

s[0] = new String[2];

s[1] = new String[2];

s[0][0] = new String("Java");

s[0][1] = new String("Program");

s[1][0] = new String("Applet");

s[1][1] = new String("Application");

【例 5-7】根据二维数组定义中的各种情况设计测试用例。

（1）解题思路

分别针对直接为二维数组的每一维分配空间、从最高维开始分别为每一维分配空间、静态初始化、每一维的大小不同等情况设计测验代码。

（2）程序流程图

本例程序流程图如图 5-8 所示。

（3）Java 参考代码

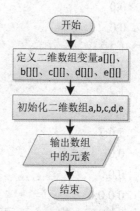

图 5-8　【例 5-7】程序流程图

```java
package com.csmz.chapter05.example;
public class Example07 {
    public static void main(String[] args) {
        // 直接为二维数组的每一维分配空间
        int a[][];
        a = new int[2][3];
        System.out.println(a[0][0]+","+a[0][1]+","+a[0][2]);
        System.out.println(a[1][0]+","+a[1][1]+","+a[1][2]);
        // 从最高维开始分别为每一维分配空间
        int b[][]= new int [2][];
        b[0] = new int [2];
        b[1] = new int [2];
        System.out.println(b[0][0]+","+b[0][1]);
        System.out.println(b[1][0]+","+b[1][1]);
        // 静态初始化
        int [][]c = {{1,2,3},{4,5,6}};
        System.out.println(c[0][0]+","+c[0][1]+","+c[0][2]);
        System.out.println(c[1][0]+","+c[1][1]+","+c[1][2]);
        // 每一维的大小不同
        int d[][] = {{1,2},{3,4},{5,6,7}};
        System.out.println(d[0][0]+","+d[0][1]);    // 没有 d[0][2]
        System.out.println(d[1][0]+","+d[1][1]);
        System.out.println(d[2][0]+","+d[2][1]+","+d[2][2]);
        // 每一维的大小不同
        int e[][]={new int[2],new int[3],new int[4]};
        System.out.println(e[0][0]+","+e[0][1]);
        System.out.println(e[1][0]+","+e[1][1]+","+e[1][2]);
        System.out.println(e[2][0]+","+e[2][1]+","+e[2][2]+","+e[2][3]);
    }
}
```

程序运行结果如下：

0,0,0

0,0,0

0,0

0,0

1,2,3

4,5,6

1,2

3,4

5,6,7

0,0

0,0,0

0,0,0,0

对于每一维大小不同的示例，可添加测验越界数据进行测试。例如，添加 d[0][2] 的输出，观察输出情况。

【例 5-8】定义一个 4 行 5 列的二维数组，使用双重循环初始化和输出各元素，输出时每行输出 5 个数。

（1）解题思路

二维数组的处理通常都要用到双重循环，外循环控制数组第 1 维（行）的变化，内循环控制数组的第 2 维（列）的变化。

（2）程序流程图

本例程序流程图如图 5-9 所示。

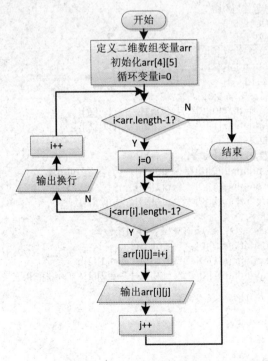

图 5-9　【例 5-8】程序流程图

（3）Java 参考代码

```
package com.csmz.chapter05.example;
public class Example08 {
    public static void main(String[] args) {
        int[][] arr = new int[4][5];
        // 行，0--3
        for (int i = 0; i < 4; i++) {
            // 列，0--4
            for (int j = 0; j < 5; j++) {
                arr[i][j] = (i + j);       // 赋值
                System.out.print(arr[i][j] + " ");
            }
            System.out.println();
        }
    }
}
```

程序运行结果如下：

0 1 2 3 4

1 2 3 4 5

2 3 4 5 6

3 4 5 6 7

5.2.2 二维数组的引用

二维数组大多数情况是引用数组元素。对于二维数组中的每个元素，引用方式为：

arrayName[index1][index2]

其中，index1 和 index2 为下标，可以是 int、byte、short、char 等类型，但不允许为 long 类型，如 c[2][3]等。同样，每一维的下标都从 0 开始，要注意下标不要越界。

对二维数组元素的逐个处理一般用双重循环结构。

【例 5-9】实现矩阵转置算法。矩阵是排列成若干行若干列的数据表，转置是将矩阵的行列互换，即第一行变成第一列，第二行变成第二列，等等。编程将以下矩阵转置：

1 2 3 4

2 3 4 5

3 4 5 6

（1）解题思路

矩阵转置比较容易实现，行列互换即可，即 b[j][i]=a[i][j]，使用双重循环实现。

（2）程序流程图

本例程序流程图如图 5-10 所示。

（3）Java 参考代码

```
package com.csmz.chapter05.example;
public class Example09 {
```

```java
public static void main(String[] args) {
    int a[][] = { { 1, 2, 3, 4 }, { 2, 3, 4, 5 }, { 3, 4, 5, 6 } };
    int b[][] = new int[4][3];
    int i, j;
    for (i = 0; i < 3; i++) {
        for (j = 0; j < 4; j++)
            b[j][i] = a[i][j]; // 转置后赋值给数组 b
    }
    // 输出数组 b
    for (i = 0; i < 4; i++) {
        for (j = 0; j < 3; j++)
            System.out.print(b[i][j] + " ");
        System.out.println();
    }
}
}
```

程序运行结果如下：

1 2 3

2 3 4

3 4 5

4 5 6

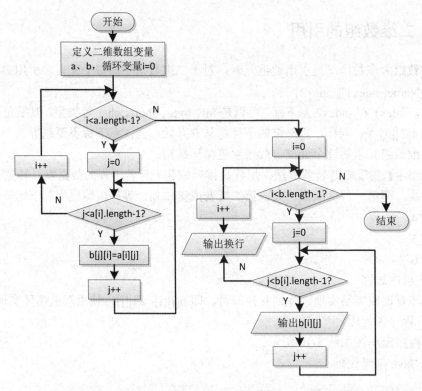

图 5-10 【例 5-9】程序流程图

5.2.3 二维数组编程实例

【例 5-10】分析下列数据的规律，编写程序完成如图 5-11 所示的输出。

要求：使用循环结构语句实现。

（1）解题思路

杨辉三角是一个由数字排列成的三角形数表，一般形式如图 5-12 所示。

```
                                        1              n=0
                                     1    1            n=1
  1                               1    2    1          n=2
  1  1                         1    3    3    1        n=3
  1  2  1                    1    4    6    4    1      n=4
  1  3  3  1              1    5   10   10    5    1    n=5
  1  4  6  4  1        1    6   15   20   15    6    1  n=6
  1  5 10 10 5  1
```

图 5-11 杨辉三角   图 5-12 杨辉三角

杨辉三角最本质的特征是：它的两条斜边都是由数字 1 组成的，其余的数等于它肩上的两个数之和。本题是杨辉三角的一个更为简单的解，数字的规律和杨辉三角一样，但是所有行的数字都靠左对齐。

解题基本思路是定义一个二维数组（6 行 6 列），用于存放杨辉三角的数据，第一列和对角线上的值为 1，中间的值按照规律计算得出，例如，a[3][0] = 1，a[3][1] = a[2][0] + a[2][1]，a[3][2] = a[2][1] + a[2][2]，a[3,3] = 1。可以通过双重循环来实现计算。

（2）程序流程图

本例程序流程图如图 5-13 所示。

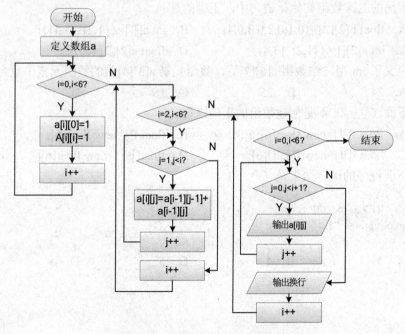

图 5-13 【例 5-10】程序流程图

（3）Java 参考代码

```java
package com.csmz.chapter05.example;
public class Example10 {
    public static void main(String[] args) {
        int[][] a = new int[6][6];
        // 设置第一列和对角线上的值
        for (int i = 0; i < 6; i++) {
            a[i][0] = 1;
            a[i][i] = 1;
        }
        // 计算 6 阶杨辉三角的各行列值（除第一列、对角线外）
        for (int i = 2; i < 6; i++)
            for (int j = 1; j < i; j++)
                a[i][j] = a[i - 1][j - 1] + a[i - 1][j];
        // 输出杨辉三角
        for (int i = 0; i < 6; i++) {
            for (int j = 0; j < i + 1; j++) {
                System.out.printf("%-3d", a[i][j]);
            }
            System.out.println();
        }
    }
}
```

程序运行结果如图 5-11 所示。

 练一练

1．下面的二维数组初始化语句中，正确的是（　　　）。

    A．float b[2][2]={0.1,0.2,0.3,0.4};　　　B．int a[][]={{1,2},{3,4}};

    C．int a[2][]= {{1,2},{3,4}};　　　　　D．float a[2][2]={0};

2．定义了 int 型二维数组 a[6][7]后，数组元素 a[3][4]前的数组元素个数为（　　　）。

    A．24　　　　　　B．25　　　　　　C．18　　　　　　D．17

3．下面（　　　）不是创建数组的正确语句。

    A．float f[][]=new float[6][6];　　　　　B．float f[]=new float[6];

    C．float f[][]=new float[][6];　　　　　D．float[][] f=new float[6][];

4．下面程序的运行结果是（　　　）。

```java
main(){
int a[][] = {{1,2,3},{4,5,6}}
System.out.printf("%d",a[1][1]);
}
```

    A．3　　　　　　B．4　　　　　　C．5　　　　　　D．6

5.3　数组编程综合实例

【例 5-11】"学习情境"中问题的解决方案,实现停电停多久问题的关键算法并绘制流程图。

Lee 的老家住在工业区,日耗电量非常大。

今年 7 月,为了控制用电量,政府要在 7、8 月份对该区进行拉闸限电。政府决定从 7 月 1 日起停电,然后隔一天到 7 月 3 日再停电,再隔两天到 7 月 6 日停电,依次下去,每次都比上一次长一天。Lee 想知道自己这个暑假到底要经历多少天倒霉的停电。请编写程序帮他算一算。

注意:从键盘输入放假日期和开学日期,日期限定在 7、8 月份,且开学日期大于放假日期,然后在屏幕上输出停电天数。

提示:可以用数组标记停电的日期。

（1）解题思路

7、8 两个月共 62 天,定义一个 62 个元素的数组存放每天的停电情况,1 表示停电,0 表示不停电。定义一个变量 days 表示停电相隔天数,初始值为 2,1 号停电,到下一个停电日,加 2,即 3 号停电。循环标记停电日,存入数组,循环一次 days+1,表示相隔天数往后每次加 1。标记好停电日后,输入放假日期和开学日期,将日期转换为对应数组下标,计算两个下标之间数组元素为 1 的个数,即放假日期到开学日期的总停电天数。

（2）程序流程图

本例程序流程图如图 5-14 所示。

（3）Java 参考代码

```java
package com.csmz.chapter05.example;
import java.util.Scanner;
public class Example11 {
    public static void main(String[] args) {
        // 放假的起止日期为 7 月 1 日~8 月 31 日,7 月 1 日起开始停电
        int[] record = new int[62];     // 7-8 月总天数 62 天,1-停电,0-不停电
        record[0] = 1;                  // 7 月 1 日停电
        int days = 2;                   // 停电相隔日期,初始时 2
        int i = 1;                      // 从第 i 天数 days 天,days 之前的日期标 0,之后 1 天标 1
        // 循环标记停电日期
        while (i < 62) {
            //j 记停电的相隔日期
            for (int j = 1; j <= days; j++) {
                if (i == 62) {
                    break;
                }
                if (j != days) {
                    record[i++] = 0;   // days 之前的日期标 0
```

```
                } else {
                    record[i++] = 1;  // 之后 1 天标 1
                }
            }
            days++;
        }
        System.out.println("请输入放假日期（7—8 月中的某一天，格式如：7 8）：");
        Scanner sc = new Scanner(System.in);
        int month1 = sc.nextInt();
        int day1 = sc.nextInt();
        System.out.println("请输入开学日期（7—8 月中的某一天，但日期必须大于放假日期，格
式如：7 8）：");
        int month2 = sc.nextInt();
        int day2 = sc.nextInt();
        // 找到放假日期对应的数组元素下标
        int days1;
        if (month1 == 7) {
            days1 = day1 - 1;
        } else {
            days1 = 31 + day1 - 1;
        }
        // 找到开学日期对应的数组元素下标
        int days2;
        if (month2 == 7) {
            days2 = day2 - 1;
        } else {
            days2 = 31 + day2 - 1;
        }
        // 统计并输出停电天数
        int stopdays = 0;
        for (int j = days1; j <= days2; j++) {
            if (record[j] == 1) {
                stopdays++;
            }
        }
        System.out.println("从放假到开学停电：" + stopdays++ + "天。");
        sc.close();
    }
}
```

程序运行结果如下：

请输入放假日期（7-8 月中的某一天，格式如：7 8）：

7 1

请输入开学日期（7-8 月中的某一天，但日期必须大于放假日期，格式如：7 8）：

8 2

从放假到开学停电：7 天。

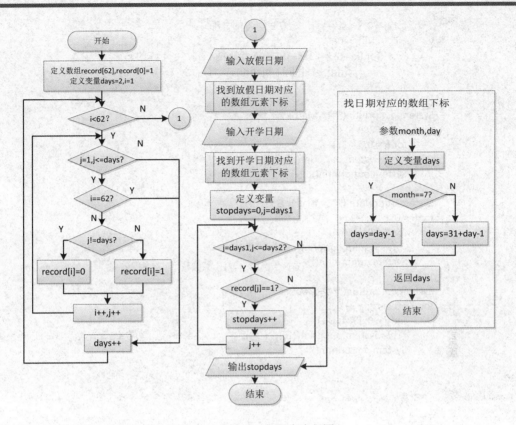

图 5-14 【例 5-11】程序流程图

【例 5-12】实现两个矩阵相乘算法。

（1）解题思路

设矩阵 $C_{mn} = A_{mp} \times B_{pn}$，A 矩阵的列数要与 B 矩阵行数相同才能进行相乘，矩阵 C 的元素 c_{ij} 等于 A 矩阵的第 i 行各元素与 B 矩阵第 j 列的各对应元素乘积之和，即：

$$c_{ij} = a_{ik} \times b_{kj} \quad (k = 1 \cdots p, \ i = 1 \cdots m, \ j = 1 \cdots n)$$

（2）程序流程图

本例程序流程图如图 5-15 所示。

（3）Java 参考代码

```java
package com.csmz.chapter05.example;
public class Example12 {
    public static void main(String[] args) {
        int i, j, k;
        int a[][] = new int[2][3];
        int b[][] = { { 1, 5, 2, 8 }, { 5, 9, 10, -3 }, { 2, 7, -5, -18 } };
        int c[][] = new int[2][4];
        // 给 A 矩阵赋初始值，a[i][j] = (i + 1) * (j + 2)
        for (i = 0; i < 2; i++)
            for (j = 0; j < 3; j++)
                a[i][j] = (i + 1) * (j + 2);
        // 计算 C 矩阵，c[i][j] += a[i][k] * b[k][j]
        for (i = 0; i < 2; i++) {            // A 矩阵的 i 行
```

```
            for (j = 0; j < 4; j++) {        // B 矩阵的 j 列
                c[i][j] = 0;
                for (k = 0; k < 3; k++)     // A 矩阵的 k 列，B 矩阵的 k 行
                    c[i][j] += a[i][k] * b[k][j];
            }
        }
        System.out.println("*** Matrix A ***");
        for (i = 0; i < 2; i++) {
            for (j = 0; j < 3; j++)
                System.out.print(a[i][j] + " ");
            System.out.println();
        }
        System.out.println("*** Matrix B ***");
        for (i = 0; i < 3; i++) {
            for (j = 0; j < 4; j++)
                System.out.print(b[i][j] + " ");
            System.out.println();
        }
        System.out.println("*** Matrix C ***");
        for (i = 0; i < 2; i++) {
            for (j = 0; j < 4; j++)
                System.out.print(c[i][j] + " ");
            System.out.println();
        }
    }
}
```

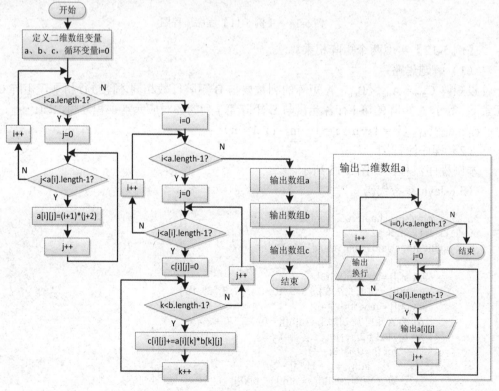

图 5-15　【例 5-12】程序流程图

程序运行结果如下：

*** Matrix A ***

2 3 4

4 6 8

*** Matrix B ***

1 5 2 8

5 9 10 -3

2 7 -5 -18

*** Matrix C ***

25 65 14 -65

50 130 28 -130

5.4　习　　题

一、填空题

1．数组的元素通过____来访问，数组 Array 的长度为____。

2．数组复制时，"="将一个数组的____传递给另一个数组。

3．没有显式引用变量的数组称为____数组。

4．矩阵或表格一般用____维数组表示。

5．如果把二维数组看成一维数组，那么数组的元素是____数组。

6．Java 中数组下标的数据类型是____。

7．不用下标变量就可以访问数组的方法是____。

8．数组最小的下标是____。

二、选择题

1．下面程序的运行结果是（　　　）。

```java
public static void main(String[] args) {
    int x=30;
    int[] numbers=new int[x];
    x=60;
    System.out.println(numbers.length);
}
```

　　A．60　　　　　　　　B．20　　　　　　　C．30　　　　　　　D．50

2．关于数组默认值，错误的是（　　　）。

　　A．char--'"'\u0000'　B．Boolean--true　　　C．float--0.0f　　D．int-- 0

3．下列语句会造成数组 new int[10]越界的是（　　　）。

　　A．a[0] += 9;　　　B．a[9]=10;　　　C．—a[9]　　D．for(int i=0;i<=10;i++)　a[i]++;

4．执行完代码 int[] x=new int[25];后，以下说明正确的是（　　　）。

　　A．x[24]为 0　　　B．x[24]未定义　　　C．x[25]为 0　　　D．x[0]为空

5. 关于 char 类型的数组，说法正确的是（　　　）。

  A. 其数组的默认值是'A'   B. 可以仅通过数组名来访问数组

  C. 数组不能转换为字符串   D. 可以存储整型数值

6. 对于数组 a[10]，下列表示错误的是（　　　）。

  A. a[0]   B. a(0)   C. a[9]   D. a[1]

7. 下列数组声明中表示错误的是（　　　）。

  A. int[] a;   B. int a[];   C. int[][] a;   D. int[] a[];

8. 下面程序的运行结果是（　　　）。

```
public static void main(String[] args) {
    char s1[]="ABCDEF".toCharArray();
    int i=0;
    while(s1[i++]!='\0')
        System.out.println(s1[i++]);
}
```

  A. ABCDEF   B. BDF，然后报下标越界错误

  C. ABCDE   D. BCDE

三、判断题

1. 下标用于指出数组中某个元素位置的数字。（　　　）

2. 一个数组可以存放许多不同类型的数值。（　　　）

3. 数组的下标通常是 float 型。（　　　）

4. 数组可以声明为任何数据类型。（　　　）

5. 数组由具有一个名字和相同类型的一组连续内存单元构成。（　　　）

6. 在数组声明中可以用等号及一个逗号分隔的初始值表初始化数组元素，该数组大小只能由用户来决定。（　　　）

7. Java 语言中的数组元素下标总是从 0 开始，下标可以是整数或整型表达式。（　　　）

8. 下面这条语句正确吗？（　　　）

```
double[] myList;
myList = {1.9, 2.9, 3.5, 4.6};
```

9. Java 中数组的元素可以是简单数据类型的量，也可以是某一类的对象。（　　　）

10. 数组中有 length()这个方法,如 array.length()表示数组 array 中元素的个数。（　　　）

四、编程题

1. 请编程：将 'A'，'B'，'C'存入数组，然后再输出。

2. 请编程：将"我"，"爱"，"你"存入数组，然后正着和反着输出。

3. 请编程：输入 10 个整数存入数组，然后复制到 b 数组中输出。

4. 请编程：声明一个 int 型的数组，循环接收 8 个学生的成绩，计算并输出这 8 个学生的总分，以及平均分、最高分和最低分。

5. 请编程：定义一个长度为 10 的整型数组，循环输入 10 个整数。然后输入一个整数，查找此整数，找到输出下标，没找到给出提示。

第**6**章

函　数

【学习情境】　使用函数实现趣味试题关键算法。

【问题描述】

随着社会的发展及人们对小学阶段教育的重视程度的不断提高，A公司决定开发一套小学生数学辅助学习系统，通过完成趣味试题，采用游戏通关的方式，帮助小学生掌握数学里的基本概念和计算方法。

【任　　务】

判断一个整数是否为"水仙花数"。所谓"水仙花数"是指一个三位数的整数，其各位数字的立方和等于该数本身。例如：153是一个"水仙花数"，因为 $153 = 1^3 + 5^3 + 3^3$。

【要　　求】

用带有一个输入参数的函数（或方法）实现，返回值类型为布尔类型。

6.1　函数的声明

如果程序的功能比较多，规模比较大，把所有的程序代码都写在一个主函数中，就会使主函数变得庞杂，使得阅读和维护程序变得困难。因此，人们想到采用"组装"的办法来简化程序设计的过程，那就需要事先编好一批常用的函数来实现各种不同的功能，需要用到某一功能时，直接在程序中调用就可以了。所以从本质意义上来说，函数就是用来完成一定功能的代码块。

1．函数声明语法

函数又称为方法，是为了完成一个功能而组合在一起的语句块。函数包括 Java 库中预定义的函数和用户自定义的函数。通过定义函数和多次调用函数可缩短代码的长度，实现代码复用，使整个应用程序的结构更加清晰。

函数的声明由函数名、参数、返回值类型及函数体组成。函数声明的语法如下：

修饰符　返回值类型　函数名（参数列表）[throws　异常列表]

{

　　//函数体

}

其中各部分的含义如下。

☑　　函数头：定义函数的访问特性（如：public）、使用特性（如：static）、返回值类型、函数名称、参数和抛出异常等。

☑　　函数体：实现函数的功能。

☑　　除构造函数外，函数均需要定义返回值类型，如果函数无返回值，则用 void 标识。

☑　　对于程序中的函数一般要添加注释，用于说明函数的功能及关键实现。

例如，下面定义了一个函数 sum 用于求两个整数之和。sum 函数有两个 int 型参数 num1 和 num2，函数返回这两个数的和。

```java
public class Test {
    public static void main(String[] args) {
    }
    // 声明了 sum()函数，两个 int 类型参数 num1 和 num2，返回值类型为 int
    public static int sum(int num1,int num2) {
        int result;
        result=num1+num2;
        return result;
    }
}
```

该函数中，函数头包括了修饰符（public）、返回值类型（int）、函数名（sum）和函数的参数（int num1，int num2）。

2. 函数的返回值

函数可以返回一个值，通过 return 语句将函数的结果返回给调用者。通常，return 语句出现在函数的结尾，return 语句返回的值类型和函数头中声明的返回值类型要一致。如果函数有返回值，则称为带返回值的函数。

有些函数只是完成某些操作，而不返回值，声明该函数时返回值类型为 void，这样的函数称为 void 函数。例如：在 main 函数中返回值类型就是 void，在 System.exit()、System.out.println()函数中返回值类型也是如此。

3. 函数的参数

定义在函数头中的变量（int num1，int num2）称为形式参数简称为形参，参数就像占位符。参数列表指明函数中参数的类型、顺序和个数。参数是可选的，也就是说，函数可以不包含参数，没有参数的函数一般称为无参函数。例如：Math.random()函数就是无参函数。

4. 函数签名

在函数声明语句中，函数名及形参列表中参数的类型、顺序和个数，一起构成函数签名，也称方法签名。函数签名经常被用在函数重载中。

 **练一练**

1．声明一个函数时，需要用到以下哪一个关键字？（　　　）

　　A．function　　　　　B．procedure　　　　C．method　　　　D．以上都不对

2．函数签名指的是（　　　）。

　　A．函数参数的类型、个数、顺序　　　B．函数名、函数返回值、函数参数

　　C．函数参数及返回值　　　　　　　　D．函数名及函数参数

3．有如下一段代码：

```
public class ReturnIt{
    returnType methodA(byte x, double y){
        return x/y*2;
    }
}
```

在第二行中，方法 methodA 的有效返回类型 returnType 应该是（　　　）。

　　A．int　　　　　　B．byte　　　　　　C．short　　　　D．double

6.2　函数的调用

6.2.1　函数调用概述

1. 函数调用语法

函数的调用就是执行函数中的代码，在函数声明中，定义函数要做什么。要想使用函数，就必须调用它。函数调用的形式如下：

函数名（实际参数表）

其中，实参可以是常量、变量或表达式，相邻的两个实参间用逗号分隔。实参的个数、类型、顺序要与形参对应一致。

2．函数调用的执行过程

函数调用的执行过程是：首先将实参传递给形参，然后执行函数体，执行完函数返回后，从调用该函数的下一个语句继续执行。

3．函数有返回值的调用

根据函数是否有返回值，调用函数有两种途径。

如果函数返回一个值，对函数的调用通常就当作一个值来处理。

例如：

int result = sum (4, 5);

说明：此语句调用函数 sum(4, 5)并将其结果赋值给变量 result。

另一个把它当作值处理的调用例子是：

System.out.println(sum(3, 4));

说明：这条语句打印调用函数 sum(3, 4)后的返回值。

函数调用示例：

```java
public class Test {
    public static void main(String[] args) {
        // 函数调用，sum(3, 4)，其中 3 和 4 为实参
        System.out.println(sum(3, 4));
    }
    public static int sum(int num1, int num2) {
        int result;
        result = num1 + num2;
        return result;
    }
}
```

4．无返回值的函数调用

如果函数返回 void，对函数的调用必须是单独的一条语句。例如，println( )函数返回void。下面的调用就是一条语句：

System.out.println("Welcome to Java! ");

6.2.2　函数的参数传递

1．形参实参概述

在调用有参函数时，主调函数和被调用函数之间有数据传递关系。从前面的内容已知：在定义函数时函数名后面括号中的变量名称为形式参数（简称形参）；在主调函数中调用一个函数时，函数名后面括号中的参数称为实际参数（简称实参）；实际参数可以是常量、变量或表达式。

根据参数类型的不同，参数传递可分为以下两情况：

☑ 如果参数为基本类型数据，则实参单元和形参单元存储的均为数据本身。参数传递就是将实参单元的数据复制给形参单元，在函数内修改形参的值，不影响实参。

☑ 如果参数为数组或对象，则参数单元存放的是引用地址，也就是将实参单元存放的地址复制给形参单元，这样实参和形参将指向同一数组或对象。对形参数组或对象的操作访问，实际上就是对实参数组或对象的操作访问。因此，在函数内修改参数的内容将影响实参。

在 Java 语言中，数组可作为函数参数和函数的返回值。因为数组是复合类型，数组变量存储的是数组存储区的引用，所以，传送数组或返回数组实际上是在传送引用。从这个意义上来说，即使实际参数和形式参数数组变量名不同，但因为它们是相同的引用，若在被调函数中改变了形参数组，则该形参对应的实参数组也将发生变化。

在调用函数的过程中，系统会把实参的值传递给被调用函数的形参。或者说，形参从实参得到一个值，该值在函数调用期间有效，可以参加该函数中的运算。

2. 值传递

在值传递过程中传递的参数为基本数据类型，也就是说传递的是具体的值。在值传递调用过程中，只能把实参传递给形参，而不能把形参的值反向作用到实参上。也就是说，在函数调用过程中，形参的值发生改变，而实参的值不会发生改变。

【例 6-1】使用函数实现：计算 1+2+3+⋯+n 的和值 s。

（1）解题思路

从键盘输入一个整数，用循环实现 1+2+⋯+n 的和值。

任何程序都可以使用函数实现，学习函数编程后，同学们可试着将前面学习的所有代码都改写为使用函数来实现，并体会使用函数编程的好处。

（2）程序流程图

本例程序流程图如图 6-1 所示。

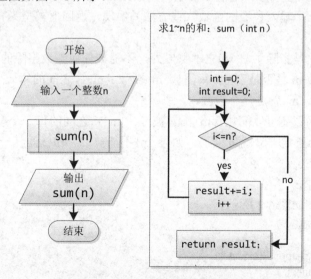

图 6-1　【例 6-1】程序流程图

（3）Java 源代码

```
package com.csmz.chapter06.example;
import java.util.Scanner;
public class Example01 {
    public static void main(String[] args) {
        System.out.print("请输入一个整数： ");
        Scanner scan = new Scanner(System.in);
        int n = scan.nextInt();
        System.out.print("1+2+···+"+n+"=");
        System.out.println(sum(n)); // 函数调用
    }
    // 声明带一个整型参数，带整型返回值的函数 sum
    public static int sum(int n) {
        int result=0;
        for(int i = 1; i <= n;i++) {
            result += i;
        }
        return result;
    }
}
```

程序运行结果如下：

请输入一个整数：100

1+2+···+100=5050

【例 6-2】实现中国结副结长度的关键算法。公司设计的中国节还需要副结（主结周围的结），于是打算设计副结的长度满足是素数这个条件。现在公司需要统计出某个范围内哪些数是素数。

从键盘上输入一个整数 n，输出 1~n 之间的素数。

注意：用带有一个输入参数的函数（或方法）实现，返回值类型为布尔类型。

（1）解题思路

素数又称质数，是指除了 1 和它本身以外，不能被任何整数整除的数。

①判断一个整数 m 是否是素数，只需让 m 被 2~m-1 之间的每一个整数去除，如果都不能被整除，那么 m 就是一个素数。

②另外，判断函数还可以简化。m 不必被 2 ~ m-1 之间的每一个整数去除，只需被 2~m/2 之间的每一个整数去除就可以了。如果 m 不能被 2 ~ m/2 间任一整数整除，m 必定是素数。

（2）程序流程图

本例程序流程图如图 6-2 所示。

（3）Java 源代码

```
package com.csmz.chapter06.example;
import java.util.Scanner;
public class Example02 {
```

```java
public static void main(String[] args) {
    Scanner sc = new Scanner(System.in);
    System.out.print("请输入 n: ");
    int n = sc.nextInt();
    System.out.println("1~" + n +"之间的素数有: ");
    for (int i = 2; i <= n; i++) {
        if (isPrime(i))    // 是素数则输出，1 不是素数，所以循环从 2 开始
            System.out.print(i + " ");
    }
    sc.close();
}
// 是素数返回 true，否则返回 false
public static boolean isPrime(int n) {
    for (int i = 2; i <= n / 2; i++) {
        if (n % i == 0) {
            return false;
        }
    }
    return true;
}
}
```

程序运行结果如下：

请输入 n: 100

1~100 的素数有:

2 3 5 7 11 13 17 19 23 29 31 37 41 43 47 53 59 61 67 71 73 79 83 89 97

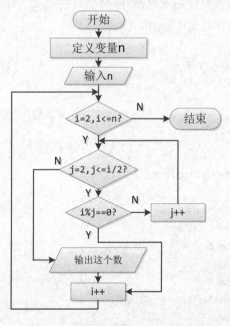

图 6-2　【例 6-2】程序流程图

3. 引用传递

在引用传递过程中传递的参数是引用类型数据，简单来说传递的是内存地址，将实参的内存地址传递给形参，因此形参和实参指向同一个内存地址，所以形参的改变会影响实参的改变。引用数据类型包括类类型、数组和接口类型，类类型和接口类型需要有面向对象的相关知识为基础。

【例 6-3】实现平均成绩计算功能。已知某个班有 30 个学生，学习 5 门课程，已知所有学生的各科成绩。请编写程序，分别计算每个学生的平均成绩，并输出。

注意：定义一个二维数组 a，用于存放 5 个学生的 5 门成绩。定义一个一维数组 b，用于存放每个学生的 5 门课程的平均成绩。

①使用二重循环，将每个学生的成绩输入到二维数组 a 中。

②使用二重循环，对已经存在于二维数组 a 中的值进行平均分计算，将结果保存到一维数组 b 中。

③使用循环输出一维数组 b（即平均分）的值。

（1）解题思路

计算 5 个学生 5 门课程的平均成绩，主要考核以下两点：

①数组的应用。本题使用了二维数组 a[30][5]来保存 30 个学生 5 门课程的成绩，用一维数组 b[30]来保存 30 个学生的平均成绩。数组应用的要点是如何定义数组、初始化数组（给数组元素赋值，如若不显示赋初始值，数组元素的初始值是多少）、引用数组及数组元素。

②数组的遍历。一维数组使用单重循环即可（例如输出 b 数组中的平均成绩，i 从 0 到 b.length-1），二维数组需要使用双重循环（外循环控制第一维，例如 i 从 0 到 a.length-1，内循环控制第二维，j 从 0 到 a[i].length-1）。

（2）程序流程图

本例程序流程图如图 6-3 所示。

（3）Java 源代码

```java
package com.csmz.chapter06.example;
import java.util.Scanner;
public class Example03 {
    public static void main(String[] args) {
        // 定义数组
        double[][] a = new double[5][5];
        double[] b = new double[5];
        // 调用输入函数输入学生的成绩
        input(a, b);
        // 调用函数求每个学生的平均分
        System.out.println("每个学生的平均分：");
        averageOfSub(a, b);
        // 输出每个学生的平均分
```

```
        for (double avg : b) {
            System.out.println(avg);
        }
    }
    // 输入 5 个学生 5 门课程成绩
    public static void input(double[][] arr, double[] avg) {
        Scanner scan = new Scanner(System.in);
        for (int i = 0; i < arr.length; i++) {
            System.out.print("请输入第" + (i + 1) + "名学生五科成绩：");
            for (int j = 0; j < arr[i].length; j++) {
                arr[i][j] = scan.nextDouble();
            }
        }
    }
    // 求每个学生的平均分结果保存至 avg 一维数组
    public static void averageOfSub(double[][] arr, double[] avg) {
        double sum;
        for (int i = 0; i < arr.length; i++) {
            sum = 0;
            // 学科总分
            for (int j = 0; j < arr[i].length; j++) {
                sum += arr[i][j];
            }
            // 学科平均分
            avg[i] = sum / arr[i].length;
        }
    }
}
```

程序运行结果如下：

请输入第 1 名学生五科成绩：50 60 70 80 90

请输入第 2 名学生五科成绩：85 95 80 90 75

请输入第 3 名学生五科成绩：80 80 80 80 80

请输入第 4 名学生五科成绩：100 90 80 70 60

请输入第 5 名学生五科成绩：60 70 80 90 100

每个学生的平均分：

70.0

85.0

80.0

80.0

80.0

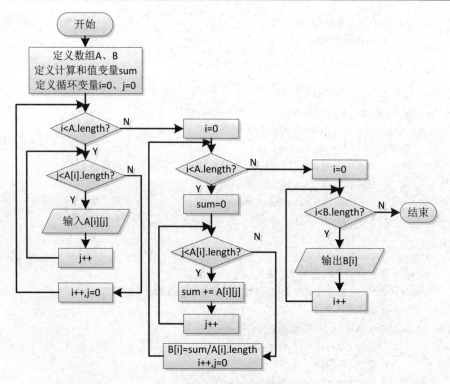

图 6-3　【例 6-3】程序流程图

6.2.3　函数的返回值

通过函数调用使主调函数得到一个确定的值，这就是函数值（函数的返回值）。例如，主函数中有 c = sum(2, 3);，根据 sum 函数的定义可以知道，函数调用 sum(2, 3) 的值是 5，sum(5, 3) 的值是 8，5 和 8 就是函数的返回值。

下面对函数值做一些说明：

☑　函数值是通过函数中的 return 语句获得的。return 语句将被调用函数中的一个确定值带回到主调函数中去。如果需要从被调用函数带回一个函数值（供主调函数使用），被调用函数中必须包含 return 语句。如果不需要从被调用函数带回函数值，可以不要 return 语句。一个函数中可以有一个以上的 return 语句，执行到哪一个 return 语句，哪一个 return 语句就起作用。return 后面可以是单个常数、单个变量和各种运算表达式。

☑　函数值的类型。既然函数有返回值，这个值应属于某一个确定的类型，应当在定义函数时指定函数值的类型。

☑　在定义函数时指定的函数类型一般应该和 return 语句中的表达式的值的类型一致。

☑　对于不带返回值的函数，应当定义函数为 void 类型（或称空类型），这样函数就不带回任何值，即禁止在调用函数中使用被调用函数的返回值。此时在函数体中不能出现 return 语句。

【例 6-4】学习情境中问题的解决方案：随着社会的发展及人们对小学阶段教育的重视程度的不断提高，A 公司决定开发一套小学生数学辅助学习系统，通过完成趣味试题，采用游戏通关的方式，帮助小学生掌握数学里的基本概念和计算方法。

任务：判断一个整数是否为"水仙花数"。所谓"水仙花数"是指一个三位数的整数，其各位数字的立方和等于该数本身。例如：153 是一个"水仙花数"，因为 $153=1^3+5^3+3^3$。

注意：用带有一个输入参数的函数（或方法）实现，返回值类型为布尔类型。

（1）解题思路

判断一个三位整数是否为"水仙花数"，关键在于如何分解一个三位数的每一位数字，num / 100 可取得百位上的数字，num / 10 % 10 可取得十位上的数字，num % 10 可取得个位上的数字，分解完成后需要判断各个数字的立方和是否等于该数。另外，还需要注意试题要求：用带有一个输入参数的函数（或方法）实现，返回值类型为布尔类型。按要求定义函数 boolean isDaffodilNumber(int num)，如果是水仙花数返回 true，否则返回 false。

（2）程序流程图

本例程序流程图如图 6-4 所示。

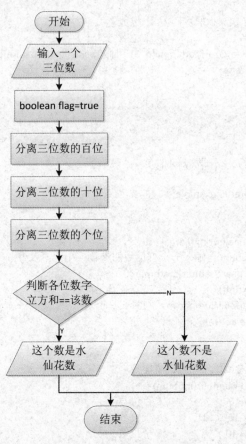

图 6-4　【例 6-4】程序流程图

（3）Java 程序源代码

参考解法一（带参数，带返回值）：

```java
package com.csmz.chapter06.example;
import java.util.Scanner;
public class Example04 {
    public static void main(String[] args) {
        System.out.print("请输入一个三位数的整数：");
        Scanner sc = new Scanner(System.in);
        int n = sc.nextInt();
        // 调用 isDaffodilNumber(n)，判断 n 是否为水仙花数
        if (isDaffodilNumber(n)) {
            System.out.println(n + "是一个水仙花数");
        } else {
            System.out.println(n + "不是一个水仙花数");
        }
        sc.close();
    }
    // 带有一个输入参数，返回值类型为布尔类型
    static boolean isDaffodilNumber(int num) {
        int a = num / 100;          // 百位数
        int b = num / 10 % 10;      // 十位数
        int c = num % 10;           // 个位数
        if ((Math.pow(a, 3) + Math.pow(b, 3) + Math.pow(c, 3)) != num){
            return false;
        }
        return true;
    }
}
```

参考解法二（带参数，不带返回值）：

```java
package com.csmz.chapter06.example;
import java.util.Scanner;
public class Example04 {
    public static void main(String[] args) {
        System.out.print("请输入一个三位数的整数：");
        Scanner sc = new Scanner(System.in);
        int n = sc.nextInt();
        // 调用 isDaffodilNumber(n)，判断 n 是否为水仙花数
        isDaffodilNumber(n);
        sc.close();
    }
    // 带有一个输入参数，不带返回值类型
    static void isDaffodilNumber(int num) {
        int a = num / 100;          // 百位数
        int b = num / 10 % 10;      // 十位数
        int c = num % 10;           // 个位数
        if ((Math.pow(a,3) + Math.pow(b, 3) + Math.pow(c, 3)) != num) {
```

```
                System.out.println(num + "不是一个水仙花数");
        }else {
                System.out.println(num + "是一个水仙花数");
        }
    }
}
```

程序运行结果如下：

请输入一个三位数的整数：100

100 不是一个水仙花数

请输入一个三位数的整数：153

153 是一个水仙花数

练一练

1. Java 中 main()函数的返回值是（　　　）。

   A．String   B．int   C．char   D．void

2. Java 方法的参数传递对于基本数据类型（如 int, byte 等），参数传递是（　　　）。

   A．reference   B．pointer   C．value   D．address

3. 函数返回值的类型是由（　　　）决定的。

   A．函数定义时指定的类型   B．return 语句中的表达式类型

   C．调用该函数时的实参的数据类型   D．形参的数据类型

4. return 语句（　　　）。

   A．只能让函数返回数值   B．函数都必须含有

   C．函数中可以有多句 return   D．不能用来返回对象

6.3　递归调用

1．什么是递归

在 Java 中，函数可以调用自身，这个过程称为递归，调用自己的函数称为递归函数。一般而言，递归是某一事物内部定义自己的过程，与循环定义有些相似。递归方法的关键在于调用自身的语句。递归是一种功能强大的控制机制。

2．递归的两个基本要素

（1）边界条件

显示确定递归到何时终止，也称为递归出口。

（2）递归模式

显示大问题是如何分解为小问题的，也称为递归体。

递归函数只有具备了这两个要素，才能在有限次计算后得出结果。

3. 递归调用过程

以计算 n!（n=4）为例来分析递归的调用过程。

计算 n!的代码如下：

```java
public static void main(String[] args) {
    System.out.println(fact(4));
}
public static int fact(int n) {
    if (n == 1) {
        return 1;              // 递归出口
    } else {
        return fact(n - 1) * n;   // 递归体
    }
}
```

n!的调用过程如图 6-5 所示，递归过程分析如图 6-6 所示。

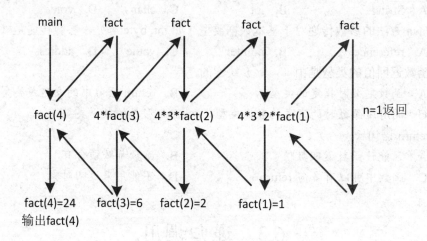

图 6-5　4!的调用过程分析

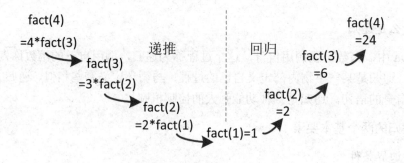

图 6-6　4!的递归过程分析

计算 4!的方法与计算 3!的方法完全相同，所不同的只是参数，一个是 4，另一个是 3，依此类推，计算 2!，直到 1! = 1，然后再往回推，2! = 2 * (1!)的值是 2，3! = 3 * (2!)的值是 6，最后计算出 4! = 4 * (3!)的值是 24，这就是最后的结果。

【例 6-5】实现阶乘计算功能关键算法：输入一个整数 n，计算并输出它的阶乘。

注意：定义一个函数（或方法），用于求阶乘的值。在主函数（或主方法）中调用该递归函数（或方法），求出 5 的阶乘，并输出结果。

（1）解题思路

实现阶乘计算功能首先要了解阶乘是如何计算的，1! = 1，n! = n * (n - 1)!。实现的方法可以采用循环或递归。本题要求使用递归方法：fact(n) = n* fact(n - 1)，代码相对较为简单，但是理解较为困难，可借助图 6-5 和图 6-6 的递归过程分析去理解。

（2）程序流程图

本例程序流程图如图 6-7 所示。

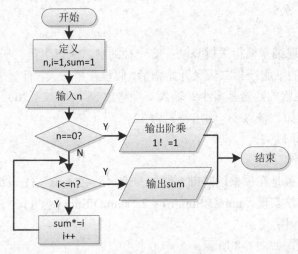

图 6-7　【例 6-5】程序流程图

（3）Java 参考代码

```java
package com.csmz.chapter06.example;
import java.util.Scanner;
public class Example05 {
    public static void main(String[] args) {
        int n;
        int f; // 存储 n 的阶乘
        System.out.print("请输入一个整数:");
        Scanner sc = new Scanner(System.in);
        n = sc.nextInt();
        f = fact(n);
        System.out.println("递归方法结果: " + n + "! = " + f);
        sc.close();
    }
    /**
     * 使用递归
     * @param n
     * @return
```

```
    */
    public static int fact(int n) {
        if (n == 0) {
            return 1;
        } else {
            return fact(n - 1) * n;
        }
    }
}
```

程序运行结果如下：

请输入一个整数:5

递归方法结果：5! = 120

【例 6-6】实现细胞繁衍关键算法：有一种细胞，从诞生第二天开始就能每天分裂出一个新的细胞，新的细胞在第二天又开始繁衍。假设在第一天，有一个这样的细胞，请问，在第 N 天晚上，细胞的数量是多少？输入一个整数 N（0 < N < 20），请编程求解第 N 天该细胞的数量。例如，输入 5，输出答案为 32。

注意：使用递归完成。

（1）解题思路

细胞分裂其实就是在原来的基础上增加一倍，n = 2 * (n - 1)，即计算 2 的幂次方。本题要求使用递归方法实现，numOfSum(n) = 2 * numOfSum (n - 1)。

（2）程序流程图

本例程序流程图如图 6-8 所示。

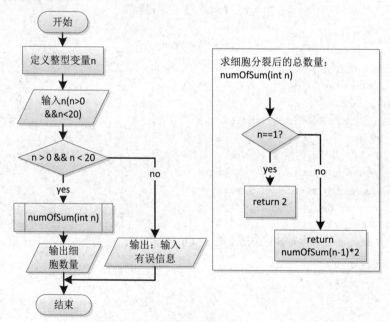

图 6-8　【例 6-6】程序流程图

（3）Java 参考代码

```java
package com.csmz.chapter06.example;
import java.util.Scanner;
public class Example06 {
    public static void main(String[] args) {
        System.out.print("请输入天数: ");
        Scanner scanner = new Scanner(System.in);
        int n = scanner.nextInt();
        if (n > 0 && n < 20) {
            System.out.println("第" + n + "天细胞的数量是：" + numOfSum(n) + "个");
        } else {
            System.out.println("您输入的整数有误");
        }
        scanner.close();
    }
    public static int numOfSum(int n) {
        if (n == 1) {
            return 2;
        } else {
            return numOfSum(n - 1) * 2;
        }
    }
}
```

程序运行结果如下：

请输入天数：5

第 5 天细胞的数量是：32 个

【例 6-7】实现酒水销售关键算法：本月酒水的销售为 2! + 4! + 5!的值。n!表示 n 的阶乘，例如，3! = 3 × 2 × 1 = 6，5! = 5 × 4 × 3 × 2 × 1 = 120。求本月酒水的销售值。

注意：利用递归方法实现求 n!。

（1）解题思路

计算阶乘可以使用递归和非递归的方法实现。非递归方法是使用循环进行相乘，实现 n * (n – 1) * … * 3 * 2 * 1。递归方法是通过自己调用自己来实现计算，n! = n * (n – 1)!，到 n == 1 终止。

（2）程序流程图

本例程序流程图如图 6-9 所示。

（3）Java 参考代码

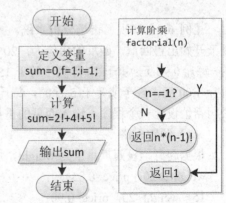

图 6-9 【例 6-7】程序流程图

```java
package com.csmz.chapter06.example;
public class Example07 {
    public static void main(String[] args) {
```

```
        long sum = 0;
        sum = factorial(2) + factorial(4) + factorial(5);
        System.out.println("本月酒水的销售额：2! + 4! + 5! = " + sum);
    }
    private static long factorial(int n) {
        if (n == 1) {
            return 1;
        }
        return n * factorial(n - 1);
    }
}
```

程序运行结果如下：

本月酒水的销售额：2! + 4! + 5! = 146

练一练

1. 一个递归算法必须包括（   ）。

    A．递归部分　　　　　　　　B．终止条件和递归部分

    C．循环部分　　　　　　　　D．终止条件和循环部分

2. 递归函数 $f(n) = f(n-1) + n$（$n > 1$）的递归出口是（   ）。

    A．f(1)=0　　　B．f(1)=1　　　C．f(0)=1　　　　　D．f(n)=n

3. 递归函数 $f(n) = f(n-1) + n$（$n > 1$）的递归体是（   ）。

    A．f(1)=0　　　B．f(0)=1　　　C．f(n)=f(n-1)　　　D．f(n)=n

6.4　函数编程综合实例

【例 6-8】实现《市场分析系统》关键算法：实现销售分析功能。A 商店准备在今年夏天开始出售西瓜，西瓜的售价为：20 斤以上的每斤 0.85 元；重于 15 斤轻于等于 20 斤的，每斤 0.90 元；重于 10 斤轻于等于 15 斤的，每斤 0.95 元；重于 5 斤轻于等于 10 斤的，每斤 1.00 元；轻于或等于 5 斤的，每斤 1.05 元。现在为了知道商店是否会盈利，要求 A 公司帮忙设计一个程序，输入西瓜的重量和顾客所付钱数，输出应付货款和应找钱数。

（1）解题思路

根据题意，设西瓜重量为 weight，单价为 price，存在以下关系：

weight≥20，price=0.85

15≤weight<20，price=0.90

10≤weight<15，price=0.95

5≤weight<10，price=1.00

weight<5，price=1.05

重量的区间以 5 为倍数，因此可以构建一个表达式(int)Math.floor(weight / 5)，floor()

为下取整函数，根据重量区间，表达式可以取值 0（＜5）、1（＜10）、2（＜15）、3（＜20）以及其他（＞=20），使用 switch 语句来实现。

（2）程序流程图

本例程序流程图如图 6-10 所示。

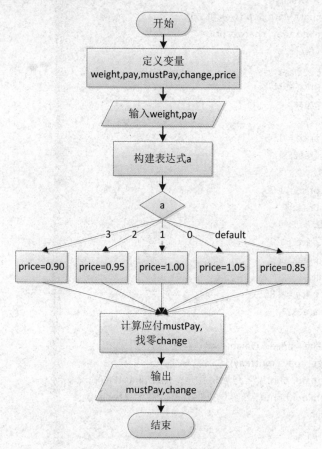

图 6-10 【例 6-8】程序流程图

（3）Java 程序代码

```java
package com.csmz.chapter06.example;
import java.util.Scanner;
public class Example08 {
    public static void main(String[] args) {
        double weight;               // 购买水果重量
        double pay;                  // 用户付款
        Scanner scanner = new Scanner(System.in);
        System.out.print("请输入选择水果的重量：");
        weight = scanner.nextDouble();
        System.out.print("请输入客户付款数：");
        pay = scanner.nextDouble();
        analyOfSale(weight, pay);    // 输出应付款和找钱数
```

```
            scanner.close();
        }
        // 计算并输出应付款和找钱数
        public static void analyOfSale(double weight, double pay) {
            // 设计计价区间
            int a = (int) Math.floor(weight / 5);
            double mustPay, change, price;
            switch (a) {
            case 3:
                price = 0.90;
                break;
            case 2:
                price = 0.95;
                break;
            case 1:
                price = 1.00;
                break;
            case 0:
                price = 1.05;
                break;
            default:
                price = 0.85;
                break;
            }
            mustPay = price * weight;
            change = pay - mustPay;
            System.out.printf("客户应付款是：%.2f", mustPay);
            System.out.printf("\n 客户找钱数是：%.2f", change);
        }
    }
```

程序运行结果如下：

请输入选择水果的重量：19

请输入客户付款数：100

客户应付款是：17.10

客户找钱数是：82.90

【例 6-9】实现《智能统计系统》关键算法：统计今天所在的月份有多少天。从键盘上输入一个年份值和一个月份值，输出该月的天数。说明：一年有 12 个月，大月的天数是 31，小月的天数是 30。2 月的天数比较特殊，遇到闰年是 29 天，否则为 28 天。例如，输入 2011、3，则输出 31 天。

（1）解题思路

题目的条件给得比较详细了，要统计今天所在的月份有多少天，如果是一年的大月（1、3、5、7、8、10、12），那么是 31 天，如果是一年的小月（4、6、9、11），那么是 30

天，如果是 2 月要判断一下这一年是否为闰年，若是闰年是 29 天，否则是 28 天。闰年的判断：能被 4 整除而不被 100 整除或能被 400 整除的年份为闰年。

（2）程序流程图

本例程序流程图如图 6-11 所示。

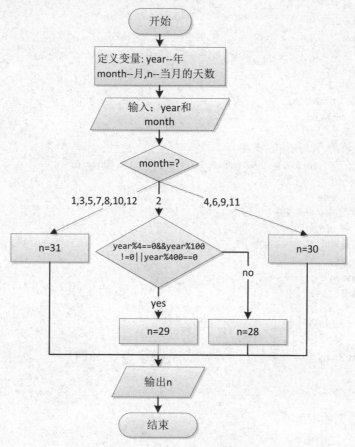

图 6-11　【例 6-9】程序流程图

（3）Java 程序代码

```java
package com.csmz.chapter06.example;
import java.util.Scanner;
public class Example09 {
    public static void main(String[] args) {
        int year, month;
        Scanner scanner = new Scanner(System.in);
        System.out.print("请输入年份：");
        year = scanner.nextInt();
        System.out.print("请输入月份：");
        month = scanner.nextInt();
        System.out.println(year + "年的" + month + "月有" + numOfMonth(year, month) + "天");
        scanner.close();
    }
```

```
// 统计该月有多少天
public static int numOfMonth(int year, int month) {
    int n = 0;
    switch (month) {
    case 1:
    case 3:
    case 5:
    case 7:
    case 8:
    case 10:
    case 12:
        n = 31;
        break;
    case 2:
        // 判断闰年的条件
        if (year % 4 == 0 && year % 100 != 0 || year % 400 == 0)
            n = 28;
        else
            n = 29;
        break;
    case 4:
    case 6:
    case 9:
    case 11:
        n = 30;
        break;
    }
    return n;
}
}
```

程序运行结果如下：

请输入年份：2019

请输入月份：4

2019 年的 4 月有 30 天

【例 6-10】实现《密码破解系统》关键算法：实现枚举问题关键算法。已知 1 + 2 + 3 + … + 49 = 1225，现在要求把其中两个不相邻的加号变成乘号，使得结果为 2015。

例如，1 + 2 + 3 + … + 10 * 11 + 12 + … + 27 * 28 + 29 + … + 49 = 2015 就是符合要求的答案。

请寻找所有可能的答案，并把乘号前面的两个数字输出，如上面的例子就是输出 (10 27)。

注意：使用循环或者递归实现。

（1）解题思路

要求把两个不相邻的加号变成乘号，可以使用双重循环进行枚举。外循环从 1 到 46，改变其中一个加号为乘号，内循环从 i+2 到 47（因为不相邻，所以外循环到 46，内循环从

i+2 到 47），改变另一个加号为乘号，去计算因为加号变成乘号以后的结果是否等于 2015，如果是就输出 i 和 j。

（2）程序流程图

本例程序流程图如图 6-12 所示。

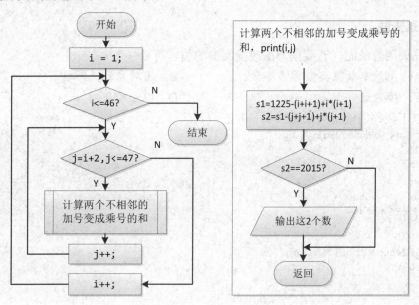

图 6-12　【例 6-10】程序流程图

（3）Java 程序源代码

```java
package com.csmz.chapter06.example;
public class Example10 {
    public static void main(String[] args) {
        for (int i = 1; i <= 46; i++) {
            for (int j = i + 2; j <= 48; j++) {
                print(i, j);
            }
        }
    }
    //i 循环代表外层的*号，j 循环代表内存循环的*号
    public static void print(int i, int j) {
        int s1 = 1225 - (i + i + 1) + i * (i + 1);
        int s2 = s1 - (j + j + 1) + j * (j + 1);
        if (s2 == 2015)
            System.out.println(i + " " + j);
    }
}
```

程序运行结果如下：

10 27

16 24

6.5 习　　题

一、选择题

1. 在调用方法时，若要使方法改变实参的值，可以（　　）。

    A. 用基本数据类型作为参数   B. 用对象作为参数

    C. 值传递   D. 以上都不对

2. 以下代码的输出结果是（　　）。

```java
public static void main(String[] args) {
    int a;
    a = 3;
    e(a);
}
static void e(int n) {
    if (n > 0) {
        e(--n);
        System.out.printf("%2d", n);
        e(--n);
    }
}
```

    A. 0 1 2 0   B. 0 1 2 1   C. 1 2 0 1   D. 0 2 1 1

3. 下列说法正确的是（　　）。

    A. Java 程序的 main 函数必须写在类里面

    B. Java 程序中可以有多个 main 函数

    C. Java 程序中类名必须与文件名一样

    D. Java 程序的 main 函数中如果只有一条语句，可以不用 {} 括起来

4. 下列方法 method 执行后，返回值为（　　）。

```java
int method() {
    int num = 10;
    if (num > 20)
    return num;
    num = 30;
}
```

    A. 10   B. 20   C. 30   D. 编译出错

5. 请阅读下面的程序

```java
public class Test {
    public static void main(String[] args) {
        for (int x = 0; x < 5; x++) {
            if (x % 2 == 0)
                break;
            System.out.print(x + "");
        }
    }
}
```

下列选项中，（　　）是程序的运行结果。

    A. 1 2 3 4 5   B. 0 2 4   C. 1 3   D.　不输出任何内容

6. 下面是 main() 函数的合法参数的是（　　）。

    A. char args[]   B. char args[][]   C. String args[]   D. String args

7. void 的含义是（　　）。

    A. 方法没有返回值   B. 方法体为空

    C. 没有意义   D. 定义方法时必须使用

8. 下列说法中错误的是（　　）。

    A. 主函数可以分为两部分：主函数首部和主函数体

    B. 任何非主函数可以调用其他任何非主函数

    C. 主函数可以调用任何非主函数

    D. 程序可以从任何非主函数开始执行

二、判断题

1. 函数返回值的数据类型取决于主调函数传递过来的实参的数据类型。（　　）

2. 函数的返回值类型可以定义也可以不定义。（　　）

3. 当函数中的返回值类型是 void 时，可以不写 return 语句。（　　）

4. 定义一个函数时，其访问修饰符、返回值类型和函数名的顺序可以互换。（　　）

5. 函数的参数列表中必须定义参数。（　　）

6. 在函数的定义中，若函数没有参数，则可以省略函数名后的括号。（　　）

7. 求 n! 既可以用递归的方式，也可以用循环的方式。（　　）

8. 函数调用只能出现在表达式语句中。（　　）

三、填空题

1. 定义函数时，在函数头中除了有函数名称外，还应有_____等信息。

2. 必须对函数_____才能确立函数可实现的功能，只有对函数调用才能实现函数的功能。

3. 下列程序运行的结果是 _____。

```java
public class function {
    public static void main(String[] args) {
        System.out.println(fun(3));
    }
    static int fun(int n)
    {
        if(n>2)
        {
            return (fun(n-1)+fun(n-2));
        }else
        {
            return 2;
        }
    }
}
```

4．静态成员函数是使用关键字_____说明的成员函数。

5．下列程序运行的结果是_____。

```java
public class function {
    public static void main(String[] args) {
        fun(48);
    }
    static void fun(int n)
    {
        if(n>10) System.out.print(n);
        if(n>20) System.out.print(n);
        if(n>15) System.out.print(n);
    }
}
```

四、编程题

1．编写一个函数，使给定的一个 3×3 的二维整型数组转置，即行列互换。

2．求方程 $ax^2 + bx + c = 0$ 的根，用 3 个函数分别求当 $b^2 - 4ac$ 大于 0、等于 0 和小于 0 时的根并输出结果。要求从主函数输入 a、b、c 的值。

3．编写一个函数，由实参传来一个字符串，统计此字符串中字母、数字、空格和其他字符的个数，要求在主函数中输入字符串并输出上述的结果。

4．输入 10 个学生 5 门课的成绩，用函数实现下述功能：找出所有 50 个分数中最高的分数所对应的学生和课程。

5．编写一个函数，输入一个十六进制数，输出相应的十进制数。

6．编写一个函数，给出年、月、日，计算该日是该年的第几天。

7．编写一个程序，提示用户输入字符串，然后显示字符串中的字母个数。

8．编写一个函数，输入一行字符，将此字符串中最长的单词输出。

第 **7** 章

技能抽查之程序设计试题详解

　　湖南省高等职业院校学生专业技能考核 2018 年软件技术专业（专业代码：610205）之专业基本技能之模块一程序设计，测试学生的编程能力，以及从事软件开发工程的程序编写规范、技术文档编写、交流与沟通等职业素养，旨在培养适应信息时代发展需要的高素质软件技术人才。

7.1 考核内容和评价

1．考核内容

本模块以企、事业单位应用项目为背景，完成项目开发平台的配置与使用、项目模型的设计与建立、程序代码的编写与运行等工作内容，基本涵盖了程序员、软件工程师等岗位从事信息化项目设计与开发工作所需的基本技能。

（1）开发平台的配置与使用

基本要求如下：

①能熟练使用主流的软件开发平台，并进行相关参数的配置；

②能使用平台进行项目的创建、开发、编译、运行及调试；

③具有较强的分析与解决问题的能力。

（2）项目的设计与建模

基本要求如下：

①能使用面向对象思想对信息化项目进行建模与设计；

②能将编程任务以流程图的形式描述出来；

③具有较强的分析问题的能力、发散思维和创新意识。

（3）程序的编写与实现

基本要求如下：

①能使用数据类型、变量、常量、运算符、表达式和函数，并结合顺序、分支和循环3 种控制结构实现项目的业务逻辑单元；

②能使用封装、继承、多态、类、接口和对象等语言机制，进行面向对象程序的编写，实现代码的可重用性；

③能使用文件和标准设备，实现数据的输入和输出、持久化存储及读取；

④能将数组等基本数据结构及查找、排序等基础算法应用到程序代码的编写中，实现项目性能的提升；

⑤具有良好的编程习惯、较强的逻辑思维能力及综合运用知识的能力；

⑥具备程序员的严谨、规范的工作态度和正确的价值观。

2．评价标准

（1）评价方式

本专业技能考核采取过程考核与结果考核相结合，技能考核与职业素养考核相结合。根据考生操作的规范性、熟练程度和用时量等因素评价过程成绩；根据设计作品、运行测试结果和提交文档质量等因素评价结果成绩。

（2）分值分配

本专业技能考核满分为 100 分，其中专业技能占 90 分，职业素养占 10 分。

（3）技能评价要点

根据模块中考核项目的不同，重点考核学生对该项目必须掌握的技能和要求。虽然不同考试题目的技能侧重点有所不同，但完成任务的工作量和难易程度基本相同。各模块和项目的技能评价要点内容如表 7-1 所示。

表 7-1 软件技术专业技能考核评价要点

项　目	评价要点
开发平台的配置与使用	正确配置软件开发环境； 开发环境配置过程符合职业规范
项目的设计与建模	项目的设计步骤清晰、方法科学合理； 正确将面向对象的思想运用于项目设计中，有效降低代码的冗余度，提高代码的复用性； 正确运用各种图例画出程序流程图； 设计过程符合职业规范
程序的编写与实现	正确定义变量、常量，名称符合命名规范； 正确使用运算符、表达式和函数进行编程； 正确使用顺序、分支和循环三种控制结构实现项目的业务逻辑单元； 正确使用数组等基本数据结构进行编程； 正确使用封装、继承、多态、类、接口等面向对象语言机制，实现代码的复用； 正确使用文件流实现数据的输入和输出、持久化存储和读取； 程序书写结构良好，注释清晰，可维护性好； 程序设计合理、语法正确、功能正确完备，并生成可执行文件； 开发过程遵循软件开发的规范

3．评分细则

（1）任务 1~3 评分细则

任务 1 至任务 3 均采用相同的评分细则，总分均为 30 分，如表 7-2 所示。

表 7-2 任务 1-3 评分细则

序　号	评分项	分　值	评分细则
1	开发环境使用正确性	5 分	未按要求提交正确格式的源文件，扣 5 分
2	流程图设计合理性	10 分	流程图不能正确体现题目的处理逻辑，扣 10 分；流程图逻辑正确但绘图使用的符号不当，每个错误符号扣 2 分，扣完为止
3	程序设计合理性	5 分	程序中出现了没有使用的变量扣 1 分；程序中出现了无用的分支、循序结构扣 1 分，扣完为止
4	功能实现	10 分	按照任务要求实现相应功能，否则记 0 分

（2）职业素养评分细则

职业素养总分为 10 分，评分细则如表 7-3 所示。

表 7-3　职业素质评分细则

序　号	评分项	分　值	评分细则
1	代码书写格式规范	3 分	代码缩进不规范扣 1 分，方法划分不规范扣 1 分，语句结构不规范扣 1 分（如一行编写两个语句），使用空行不规范扣 1 分，扣完为止
2	注释规范	2 分	整个项目没有注释扣 2 分，有注释但注释不规范扣 1 分，扣完为止
3	类名、变量名和方法名命名规范	5 分	命名规范，为满分。类名、变量名或方法名命名不规范或没有实际意义的每个扣 1 分，扣完为止

7.2　试题详解

试题解析说明：湖南省高等职业院校学生专业技能考核 2018 年软件技术专业之专业基本技能之模块一程序设计题库共计有 30 套试题，每套试题均有 3 个编程题目，本章仅从 30 套试题中抽取出 6 套试题进行解答，遵循从易到难的原则，编写详细的试题解析，其余的试题解析见附录 C。每个人的编程思路不一样，编写出来的程序就会不一样，但是能实现相同的目标，这也正是编程有趣的地方。因此，本文给出的解答程序仅为读者提供一个参考思路，解答没有标准答案。

由于篇幅有限，解答只提供了核心代码，对代码的完善度，比如校验，仅限于题目中有要求才编写。例如，题目要求输入一个日期，但是没有 2018 年 2 月 29 日这个日期，题目中没有要求进行这个校验，就没写校验代码，但对于学习者来说要了解，然后进行延伸思考，怎么去添加这些校验代码。

程序是调试出来的，不是一口气写出来的，所以在学习的过程中一定要学会调试代码的技巧和方法，要养成编程的逻辑思维能力。这也是我们编写本教材的一个目标，让学习者真正掌握编程的技能。

本教材着重学习编程基础：顺序、分支、循环三种结构的编程，以及数组和函数的编程。题库中的试题均可以使用这些基础知识来实现，有些试题使用面向对象的方法（封装、继承、多态、类、接口、对象）也能实现，但在此处均采用基础知识来实现。

流程图是一个示意图，指导我们理顺编程思路，因此流程图也没有标准答案。关于流程图，有一个粒度的问题，比如循环输入数组 a，有的地方可能就使用了一个处理框，默认了对循环输入数组的循环已掌握，也有的地方又使用了循环的流程图，在此说明一下。当然，对于初学者尽量粒度细一些能更好地理解编程思路。

程序必须要有输出，可以没有输入。为了程序的可读性，解答时在输入和输出的时候，都加了一些人性化的文字提示，题目没有要求。

7.2.1　试题编号：J1-3《网络选拔赛题库系统》关键算法

1．任务描述

随着网络的普及，许多比赛开始采用网络选拔赛的模式。某大赛组委会决定开发一个网络选拔赛题库系统，实现该系统需要完成以下任务。

任务 1：实现统计元音关键算法并绘制流程图（30 分）

输入一个字符串统计每个元音字母（aeiou）在字符串中出现的次数。对于结果输出 5 行，格式如下：

a:num1（a 的个数）

e:num2（b 的个数）

i:num3（i 的个数）

o:num4（o 的个数）

u:num5（u 的个数）

例如，输入 aeioubbbccc，输出：

a:1

e:1

i:1

o:1

u:1

注意：使用分支语句实现。

任务 2：实现 Switch Game 关键算法并绘制流程图（30 分）

有 n 盏灯，编号 1～n（0<n<100）。第 1 个人把所有灯打开，第 2 个人按下所有编号为 2 的倍数的开关（这些灯将被关掉），第 3 个人按下所有编号为 3 的倍数的开关（其中关掉的灯将被打开，开着的灯将被关闭），依此类推。输入灯数和人数，输出开着的灯的编号。

比如输入 10 2，输出最后亮灯的编号：1,3,5,7,9。

注意：使用循环语句实现。

任务 3：实现 $2^x \bmod n = 1$ 关键算法并绘制流程图（30 分）

输入一个数字 n，找到满足 $2^x \bmod n = 1$ 的最小值 x，如果 x 存在，则输出"$2^x \bmod n = 1$"，否则输出"$2^? \bmod n = 1$"，需要用真实的 x 和 n 的值来替代字符串中的变量。

例如，输入 5，输出答案为 $2^4 \bmod 5 = 1$。

2．试题解析

任务 1

（1）解题思路

统计字符串中元音字母（aeiou）出现的次数，输入字符串后使用 String 类的 toCharArray() 方法将其转换为字符数组方便统计。然后遍历字符数组，使用多分支 if 语句判断是否为元音中的某一个，若是，则相应的计数器+1。本任务中的多分支结构也可以使用 switch 语句实现，请同学们自行完成。

（2）程序流程图

试题 J1-3 任务 1 的程序流程图如图 7-1 所示。

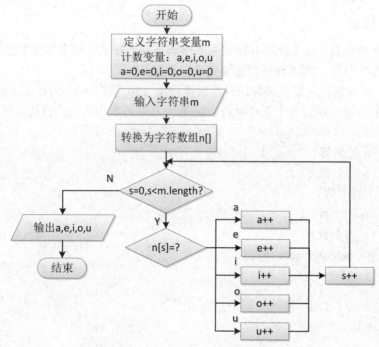

图 7-1　试题 J1-3 任务 1 的程序流程图

（3）参考代码

```
package com.csmz.chapter07.example.j1_3;
/**
 * 技能抽查模块一：程序设计第 3 题任务 1
 * 任务 1：实现统计元音关键算法
 */
import java.util.Scanner;
public class Task1 {
    public static void main(String[] args) {
        Scanner sc = new Scanner(System.in);
        String m = sc.next();                    // 输入一串字符
        char n[] = m.toCharArray();              // 转为字符数组
        int a = 0, e = 0, i = 0, o = 0, u = 0;
        for (int s = 0; s < m.length(); s++) {   // 遍历数组
            if (n[s] == 'a') {
                a++;
            } else if (n[s] == 'e') {
                e++;
            } else if (n[s] == 'i') {
                i++;
            } else if (n[s] == 'o') {
                o++;
            } else if (n[s] == 'u') {
```

```
                u++;
            }
        }
        System.out.println("a" + ":" + a);
        System.out.println("e" + ":" + e);
        System.out.println("i" + ":" + i);
        System.out.println("o" + ":" + o);
        System.out.println("u" + ":" + u);
        sc.close();
    }
}
```

任务 2

（1）解题思路

输出 n（0<n<100）盏灯最后的亮灯编号。定义一个 boolean 数组保存灯的开关状态，数组长度为灯的数量，初始值为 false（表示灯是关的）。i 循环从 1 到 n，i 的倍数的灯被按下，切换灯的开关状态 booArray[j - 1] = !booArray[j - 1];。最终循环（i 从 0 到 booArray 数组的长度）输出灯的开关状态为 true（表示灯是开的）的所有灯的下标（为 i+1）。

（2）程序流程图

试题 J1-3 任务 2 的程序流程图如图 7-2 所示。

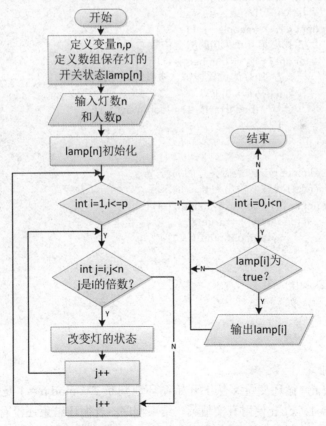

图 7-2　试题 J1-3 任务 2 的程序流程图

（3）参考代码

```java
package com.csmz.chapter07.example.j1_3;
/**
 * 技能抽查模块一：程序设计第 3 题任务 2
 * 任务 2：实现 Switch Game 关键算法
 */
import java.util.Scanner;
public class Task2 {
    public static void main(String[] args) {
        // 定义灯数和人数变量
        int number, people;
        // 定义一个 boolean 数组保存灯的开关状态，给定长度，初始值为关，false
        boolean[] booArray;
        // 获得输入数据
        Scanner sc = new Scanner(System.in);
        System.out.println("请输入灯的数量:");
        number = sc.nextInt();
        System.out.println("请输入人数:");
        people = sc.nextInt();
        // 初始化
        booArray = new boolean[number];
        // 第几次--第几个人
        for (int i = 1; i <= people; i++) {
            // 找出第几个人(i)的所有倍数
            for (int j = i; j <= number; j++) {
                // 如灯的位置能被次数整除，则改变状态
                if (j % i == 0) {
                    booArray[j - 1] = !booArray[j - 1];
                }
            }
        }
        System.out.print("最后亮灯的编号:");
        // 查看灯状态，输出为 true 的下标
        for (int i = 0; i < booArray.length; i++) {
            if (booArray[i] == true) {
                System.out.print((i + 1) + ",");
            }
        }
        sc.close();
    }
}
```

任务 3

（1）解题思路

输入一个数 n，循环变量 x 从 1 开始循环地判断 $2^x \bmod n = 1$ 是否成立，若成立则输出 $2^x \bmod n = 1$（x、n 使用真实值），结束程序。若循环结束还没有匹配成功，则输出 $2^? \bmod n = 1$（n 使用真实值），然后结束程序。

（2）程序流程图

试题 J1-3 任务 3 的程序流程图如图 7-3 所示。

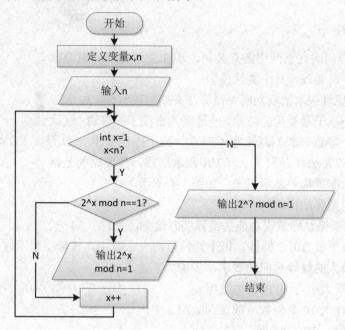

图 7-3   试题 J1-3 任务 3 的程序流程图

（3）参考代码

```
package com.csmz.chapter07.example.j1_3;
/**
 * 技能抽查模块一：程序设计第 3 题任务 3
 * 任务 3：实现 2^x mod n = 1 关键算法
 */
import java.util.Scanner;
public class Task3 {
    public static void main(String[] args) {
        System.out.println("输入 n：");
        Scanner sc = new Scanner(System.in);
        int n = sc.nextInt();
        for (int i = 2; i < n; i++) {                  // 从 2 开始匹配，匹配成功的便是最小的 x
            if (Math.pow(2, i) % n == 1) {
                System.out.println("2^" + i + " mod " + n + "=1");
                sc.close();
                return;
            }
        }
        System.out.println("2^? mod " + n + "=1");     // 无匹配成功的输出
        sc.close();
    }
}
```

7.2.2　试题编号：J1-7《儿童智力游戏》关键算法

1. 任务描述

A 公司是专门的儿童网络游戏公司，现在公司正在开发几款智力游戏，其中需要设计几个算法模型。

```
*******
*****
***
*
```

图 7-4　试题 J1-7 任务的输出结果示意图

任务 1：实现堆积木游戏功能关键算法并绘制流程图（30 分）

堆积木是小孩子最爱玩的游戏，但是因为小孩子的好奇心（比如误食积木等）导致家长们越来越不愿意让孩子去玩积木。为了解决这个问题，TX 公司开发了一套 VR 积木游戏，你要做的是将用户堆好的积木在屏幕中显示出来，如图 7-4 所示。

注意：使用循环结构语句实现。

任务 2：实现抓娃娃游戏功能关键算法并绘制流程图（30 分）

请在娃娃机里放 10 个娃娃，每个娃娃对应一个数字，该数字表示娃娃的大小。要求通过计算输出最大的娃娃对应的数字，步骤如下：

① 定义一个大小为 10 的整型数组 a；
② 从键盘输入 10 个整数，放置到数组 a 中；
③ 输出数组 a 中的最大值。

注意：使用数组、循环结构语句实现。

任务 3：实现算数游戏功能关键算法并绘制流程图（30 分）

此游戏的功能是，计算正整数 n 每个数位上的数字之积。例如，24 的每个数位上的数字之积为 $2×4 = 8$。现在要求你为 A 公司编写一个计算函数（或方法）fun，将结果放到 c 中，并显示输出。

2. 试题解析

任务 1

（1）解题思路

输出如图 7-4 所示的图形，可以使用双重循环来实现。外循环控制输出行数，k=4 时，输出 4 行，外循环 i 从 4 循环到 1。内循环控制每行输出的*号，每行输出 $2×i-1$ 个*号，因此内循环 j 从 1 循环到 $2×i-1$。

（2）程序流程图

试题 J1-7 任务 1 的程序流程图如图 7-5 所示。

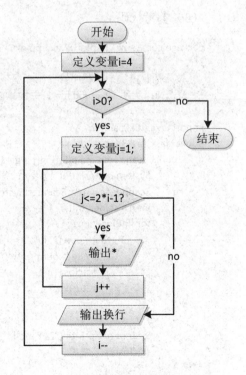

图 7-5　试题 J1-7 任务 1 的程序流程图

（3）参考代码

```java
package com.csmz.chapter07.example.j1_7;
/**
 * 技能抽查模块一：程序设计第 7 题任务 1
 * 任务 1：实现堆积木游戏功能。
 */
public class Task1 {
    public static void main(String[] args) {
        buildBlocks(4);
    }
    // k:行数
    public static void buildBlocks(int k) {
        for (int i = k; i > 0; i--) {
            for (int j = 1; j <= 2 * i - 1; j++) {
                System.out.print("*");
            }
            System.out.println();
        }
    }
}
```

任务 2

（1）解题思路

本题简单地理解题意就是输出 10 个数中的最大数。i 从 0 循环到 9，输入 10 个整数至 a 数组。遍历循环从 a 数组的 10 个元素中找出最大数，即为最大的娃娃对应的数字。

（2）程序流程图

试题 J1-7 任务 2 的程序流程图如图 7-6 所示。

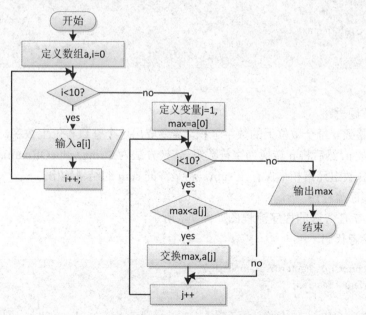

图 7-6 试题 J1-7 任务 2 的程序流程图

（3）参考代码

```
package com.csmz.chapter07.example.j1_7;
import java.util.Scanner;
/**
 * 技能抽查模块一：程序设计第 7 题任务 2
 * 任务 2：实现抓娃娃游戏功能
 */
public class Task2 {
    public static void main(String[] args) {
        // 初始化化娃娃
        int[] a = new int[10];
        Scanner scanner = new Scanner(System.in);
        System.out.println("请输入 10 个整数：");
        for (int i = 0; i < 10; i++) {
            a[i] = scanner.nextInt();
        }
        // 抓取娃娃
        System.out.println("抓取的娃娃（最大）是：" + getBaby(a));
        scanner.close();
    }
    public static int getBaby(int[] baby) {
        int max = baby[0];
        for (int j = 1; j < 10; j++) {
            if (max < baby[j]) {
                int temp = max;
                max = baby[j];
                baby[j] = temp;
            }
        }
        return max;
    }
}
```

任务 3

（1）解题思路

计算正整数 n 每个数位上的数字之积，需要取出这个整数各位上数字，然后再相乘。输入一个正整数 n，然后将 n 转换为字符数组，转换方法为 String.valueOf(num).toCharArray();。将字符数组各数组元素相乘保存至 sum，将最终的 sum 的结果输出。

（2）程序流程图

试题 J1-7 任务 3 的程序流程图如图 7-7 所示。

（3）参考代码

```
package com.csmz.chapter07.example.j1_7;
import java.util.Scanner;
/**
 * 技能抽查模块一：程序设计第 7 题任务 3
```

```
 * 任务 3：实现算数游戏功能
 */
public class Task3 {
    public static void main(String[] args) {
        int n, c;
        Scanner scanner = new Scanner(System.in);
        System.out.println("请输入一个整数：");
        n = scanner.nextInt();
        c = fun(n);
        System.out.println("整数" + n + "每个数位上的数字之积是：" + c);
        scanner.close();
    }
    public static int fun(int num) {
        int sum = 1;
        char[] chars = String.valueOf(num).toCharArray();
        for (int i = 0; i < chars.length; i++) {
            sum = sum * Integer.parseInt(String.valueOf(chars[i]));
        }
        return sum;
    }
}
```

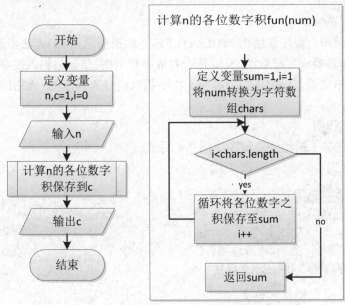

图 7-7　试题 J1-7 任务 3 的程序流程图

7.2.3　试题编号：J1-12《手机号码查询系统》关键算法

1. 任务描述

现在手机的使用非常普及，为方便人们查询手机号码的归属地信息，A 公司决定开发一个手机号码查询系统，需要完成以下任务。

任务 1：实现手机号计数功能关键算法并绘制流程图（30 分）

从键盘接收一行字符串，字符串中只包含数字和空格，统计其中所有的手机号码数量。

例如：输入 18711389426 18711389427，输出的结果为：2。

注意：使用分支和循环结构完成。

任务 2：实现连号判断功能关键算法并绘制流程图（30 分）

从键盘接收一个十一位的数字，判断其是否为尾号五连的手机号。规则：第一位是 1，第二位可以是数字 3、5、8 其中之一，接下来四位可以是任意数字，最后五位为任意相同的数字。

例如：18601088888 和 13912366666 即满足条件。

注意：不满足要求的输出"false"，满足要求的输出"true"。

任务 3：实现统计非数字功能关键算法并绘制流程图（30 分）

对于给定的一个字符串，统计其中非数字字符出现的次数。

例如：输入 Ab(&%123)，输出：6。

注意：使用循环和判断语句实现。

2. 试题解析

任务 1

（1）解题思路

输入一行字符串，要注意使用 nextLine()方法。如果使用 next()方法，遇到空格就结束输入了。将字符串转换成字符数组，校验是否为数字和空格。然后将输入的字符串使用 split()方法分离成字符串数组，以空格为分隔符，将手机号码存入该数组。输出该数组的长度即为手机号码数量。

（2）程序流程图

试题 J1-12 任务 1 的程序流程图如图 7-8 所示。

（3）参考代码

```java
package com.csmz.chapter07.example.j1_12;
import java.util.Scanner;
/**
 * 技能抽查模块一：程序设计第 12 题任务 1
 * 任务 1：实现手机号计数功能关键算法
 */
public class Task1 {
    public static void main(String[] args) {
        Scanner sc = new Scanner(System.in);
        String str = sc.nextLine();
        char[] ch = str.toCharArray();
        // 如果不是数字或空格，则结束程序
        for (char c : ch) {
            if (!((c >= '0' && c <= '9') || c == ' ')) {
                System.out.println("字符串中只能包含数字和空格");
```

```
                    sc.close();
                    return;
            }
        }
        // 使用字符串的 split()方法，将空格隔开的字符串存入字符串数组 phone
        String[] phone = str.split(" ");
        System.out.println("字符串中包含的手机号码个数为：" + phone.length);
        sc.close();
    }
}
```

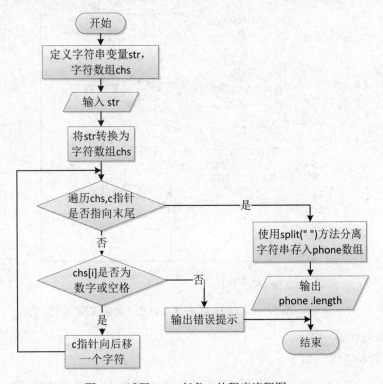

图 7-8　试题 J1-12 任务 1 的程序流程图

任务 2

（1）解题思路

输入一行字符串，将字符串转换成字符数组，首先校验是否是 11 位，只需要判断字符串或字符数组的长度是否为 11 即可。然后循环判断 11 个字符是否都为数字。最后判断第一位是否为 1，第二位是否为 3、5、8 其中之一，后五位是否相同；如果是，则输出 true；不是则输出 false。

（2）流程图

试题 J1-12 任务 2 方法一的流程图如图 7-9 所示。

试题 J1-12 任务 2 方法二的流程图如图 7-10 所示。

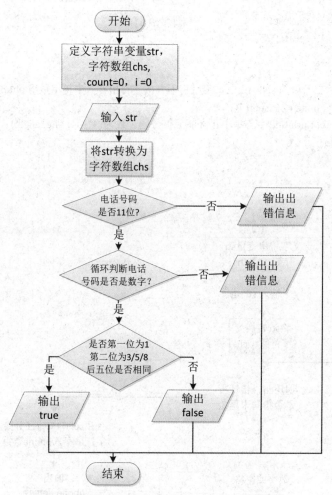

图 7-9　试题 J1-12 任务 2 方法一的流程图

（3）参考代码

方法一的参考代码如下：

```java
package com.csmz.chapter07.example.j1_12;
import java.util.Scanner;
/**
 * 技能抽查模块一：程序设计第 12 题任务 2
 * 任务 2：实现连号判断功能关键算法
 */
public class Task2 {
    public static void main(String[] args) {
        Scanner sc = new Scanner(System.in);
        System.out.println("请输入一个 11 位的电话号码：");
        String str = sc.nextLine();
        char[] ch = str.toCharArray();
        // 如果不是 11 位，则结束程序
        if (ch.length != 11) {
            System.out.println("电话号码不是 11 位！ ");
```

```
        sc.close();
        return;
    }
    // 如果包含非数字字符，则结束程序
    for (char c : ch) {
        if (!((c >= '0' && c <= '9'))) {
            System.out.println("电话号码只能包含数字！");
            sc.close();
            return;
        }
    }
    // 如果第一位是 1，第二位是 3/5/8，后五位相同，则输出 true，否则输出 false
    if ((ch[0] == '1') && (ch[1] == '3' || ch[1] == '5' || ch[1] == '8')
            && (ch[6] == ch[7] && ch[6] == ch[8] && ch[6] == ch[9] && ch[7] == ch[10])) {
        System.out.print("true");
    } else {
        System.out.print("false");
    }
    sc.close();
    }
}
```

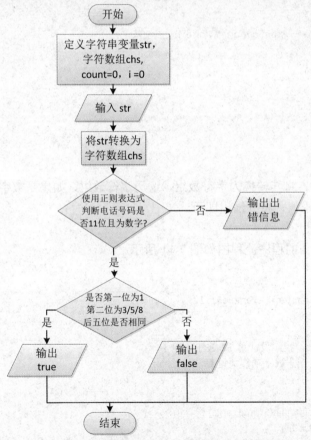

图 7-10　试题 J1-12 任务 2 方法二的流程图

方法二的参考代码如下：

```java
package com.csmz.chapter07.example.j1_12;
import java.util.Scanner;
/**
 * 技能抽查模块一：程序设计第 12 题任务 2
 * 任务 2：实现连号判断功能关键算法
 */
public class Task2_2 {
    public static void main(String[] args) {
        Scanner sc = new Scanner(System.in);
        String str = sc.nextLine();
        // 使用了正则表达式，请参阅正则表达式教程：
        // http://www.runooB. com/regexp/regexp-tutorial.html
        if (!str.matches("\\d{11}$")) {
            System.out.println("请输入 11 位数字");
        }
        else {
            if (str.matches("^1[3|5|8]\\d{4}([0-9])\\1{4}")) {
                System.out.print("true");
            }
            else {
                System.out.print("false");
            }
        }
        sc.close();
    }
}
```

任务 3

（1）解题思路

输入一行字符串，将其转换为字符数组，遍历字符数组，如果是数字则计数器+1，循环结束 count 则为所求值，将其输出即可。

（2）程序流程图

试题 J1-12 任务 3 的程序流程图如图 7-11 所示。

（3）参考代码

```java
package com.csmz.chapter07.example.j1_12;
import java.util.Scanner;
/**
 * 技能抽查模块一：程序设计第 12 题任务 3
 * 任务 3：实现统计非数字功能关键算法
 */
public class Task3 {
    public static void main(String[] args) {
        int count = 0;
        System.out.print("请输入一个字符串:");
        Scanner sc = new Scanner(System.in);
```

```
        String str = sc.nextLine();
        char[] chs = str.toCharArray();
        for (int i = 0; i < chs.length; i++) {
                if (chs[i] < '0' || chs[i] > '9') {
                        count++;
                }
        }
        System.out.println("该字符串中非数字字符出现次数为:" + count);
        sc.close();
    }
}
```

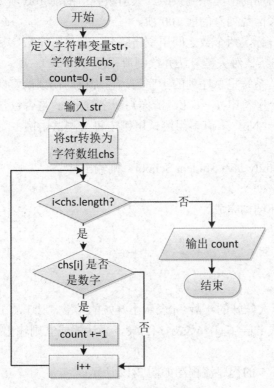

图 7-11　试题 J1-12 任务 3 的流程图

7.2.4　试题编号：J1-15《节庆活动管理系统》关键算法

1. 任务描述

在《关于推动特色文化产业发展的意见》中，首次提出"特色文化产业"的内涵，其中，将特色节庆作为重点发展领域之一。要求发掘各地传统节庆文化内涵，提升新兴节庆文化品质，形成一批参与度高、影响力大、社会效益和经济效益好的节庆品牌。因此，XX市政府决定开发节庆活动管理系统。请完成以下任务。

任务 1：实现元宵灯谜问题关键算法并绘制流程图（30 分）

小明带两个妹妹参加元宵灯会。别人问她们多大了，她们调皮地说："我们俩的年龄之积是年龄之和的 6 倍"。

小明又补充说："她们可不是双胞胎，年龄差肯定也不超过 8 岁啊。"请你编程求出小明的较小的妹妹的年龄。

注意：使用循环实现。

任务 2：实现获奖序列关键算法并绘制流程图（30 分）

中国古代文献中曾记载过"大衍数列"，主要用于解释中国传统文化中的太极衍生原理。它的前几项是：0、2、4、8、12、18、24、32、40、50…

其规律是：对偶数项，是序号平方再除 2，奇数项是序号平方减 1 再除 2。投资人决定，节庆活动抽奖活动的中奖序列按照"大衍数列"的前 100 项。

请你打印出"大衍数列"的前 100 项。

注意：输出占一行，两个数之间用空格隔开，最后一个数字后面没有多余的符号。

任务 3：实现门票核对关键算法并绘制流程图（30 分）

门票的序列号是系统里总序列的子序列，请你核对门票的真实性。

从键盘接收两个字符串 a 和 b，请你判断字符串 a 是否包含字符串 b，是的话输出"Yes"，否则输出"No"。有多组测试用例，每个测试用例占一行，两个字符串之间用空格隔开。

例如输入 JavaStudy Java Student School，则输出

Yes No

注意：使用循环结构完成。

2. 试题解析

任务 1

（1）解题思路

定义变量 i 表示大妹妹的年龄，j 表示小妹妹的年龄，让 i 从 1 到 150 循环，j 从 1 到 i 循环，去匹配表达式 i*j==(i+j)*6 && (i-j)<=8，表达式成立则输出 j 为妹妹的年龄。

（2）程序流程图

试题 J1-15 任务 1 的程序流程图如图 7-12 所示。

（3）参考代码

```
package com.csmz.chapter07.example.j1_15;
/**
 * 技能抽查模块一：程序设计第 15 题任务 1
 * 任务 1：实现元宵灯谜问题关键算法
 */
public class Task1 {
    public static void main(String[] args) {
        for (int i = 1; i < 150; i++) {                    // i-姐姐的年龄
            for (int j = 0; j < i; j++) {                  // j-妹妹的年龄
                if (i * j == (i + j) * 6 && (i - j) <= 8) {  // 条件判断
                    System.out.println("小明较小的妹妹的年龄是" + j + "岁");
                }
```

```
                    }
                }
            }
        }
```

任务 2

（1）解题思路

循环 i 从 1 到 100 输出各项，若 i%2==0 表示偶数项，输出 i*i/2+空格，加一个判断第 100 项末尾不输出空格，否则输出奇数项(i*i-1)/2+空格。

（2）程序流程图

试题 J1-15 任务 2 的程序流程图如图 7-13 所示。

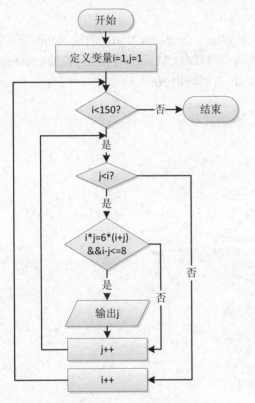

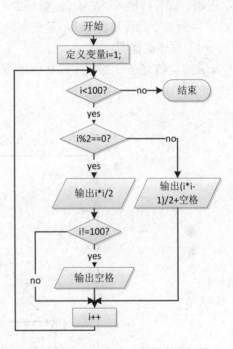

图 7-12 试题 J1-15 任务 1 的程序流程图　　图 7-13 试题 J1-15 任务 2 的程序流程图

（3）参考代码

```
package com.csmz.chapter07.j1_15;
/**
 * 技能抽查模块一：程序设计第 15 题任务 2
 * 任务 2： 实现获奖序列关键算法
 */
public class Task2 {
    public static void main(String[] args) {
        for (int i = 1; i <= 100; i++) {
```

```
        if (i % 2 == 0) {
                System.out.print(i * i / 2);
                if (i != 100) { //  最后一个数字后面没有多余的符号，所以不输出空格
                        System.out.print(" ");
                }
        } else {
                System.out.print((i * i - 1) / 2 + " ");
        }
    }
  }
}
```

任务 3

（1）解题思路

题目中有多组测试用例，采用的方法是 while(!sC. hasNext("0"))，当输入 0 时结束循环，否则一直等待输入。在 while 循环中，输入两个字符串，然后使用 String 类的 contains() 方法，判断 str1 是否包含 str2，若是则输出 Yes，否则输出 No。

（2）程序流程图

试题 J1-15 任务 3 的程序流程图如图 7-14 所示。

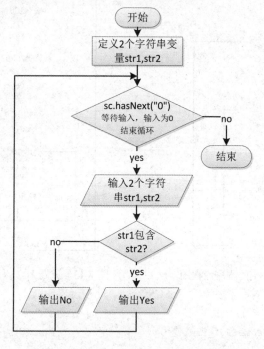

图 7-14　试题 J1-15 任务 3 的程序流程图

（3）参考代码

```
package com.csmz.chapter07.j1_15;
import java.util.Scanner;
/**
```

```
 * 技能抽查模块一：程序设计第 15 题任务 3
 * 任务 3：　实现门票核对关键算法
 */
public class Task3 {
    public static void main(String[] args) {
        Scanner sc = new Scanner(System.in);
        System.out.println("请输入第 1 个字符串：");
        while(!sc.hasNext("0")) {      // 有一组数据，使用循环
            String str1 = sc.nextLine();
            System.out.println("请输入第 2 个字符串：");
            String str2 = sc.nextLine();
            if (str1.contains(str2)) {
                System.out.println("Yes");
            } else {
                System.out.println("No");
            }
            System.out.println("请输入第 1 个字符串：");
        }
        sc.close();
    }
}
```

7.2.5　试题编号：J1-22《警务系统》关键算法

1．任务描述

随着网络技术与信息化技术的迅猛发展，国家基于科技强警的观念对社区警务信息管理工程越来越重视。因此，X 市公安局决定建立警务系统，通过信息技术实现各社区警务工作的统一管理。为实现该系统，请完成以下任务。

任务 1：实现出警顺序关键算法并绘制流程图（30 分）

有一个整型偶数 n（2≤n≤10000）代表警员总数，先把 1 到 n 中的所有奇数从小到大输出，再把所有的偶数从小到大输出，该顺序即为出警顺序。

注意：奇数和偶数的输出各占一行，每个数字后面跟随一个空格。

任务 2：实现点名计数关键算法并绘制流程图（30 分）

相传韩信才智过人，从不直接清点自己军队的人数，只要让士兵先后以三人一排、五人一排、七人一排地变换队形，而他每次只看一眼队伍的排尾就知道总人数了。输入三个非负整数 a、b、c，表示每种队形排尾的人数（a<3，b<5，c<7），输出总人数的最小值（或报告无解）。已知总人数不小于 10，不超过 100。

例如：输入 1 2 3，输出 52。

注意：使用循环完成。

任务 3：实现求部门编号关键算法并绘制流程图（30 分）

现在给你一个整数 n（2<n<1000），代表警员的编号，现在要求你写出一个程序，求出 1~n 中的所有素数的和，该和为警员对应部门的编号。

例如：输入 3，输出 1~3 的素数{2,3}的和为 5。

注意：使用循环结构完成，需要定义一个 isPrime 方法用于判断一个数是否为素数。

2．试题解析

任务 1

（1）解题思路

输入警员总数 n（偶数，2≤n≤10000），输出其中所有奇数的方法是：循环 i 从 1 到 n，循环变量每次递增 2，输出 i。输出其中所有偶数的方法是：循环 i 从 2 到 n，循环变量每次递增 2，输出 i。

（2）程序流程图

试题 J1-22 任务 1 的程序流程图如图 7-15 所示。

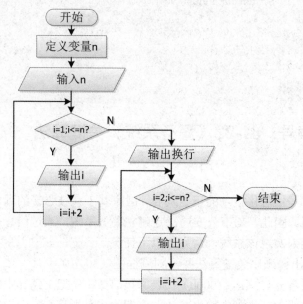

图 7-15　试题 J1-22 任务 1 的程序流程图

（3）参考代码

```java
package com.csmz.chapter07.j1_22;
import java.util.Scanner;
/**
 * 技能抽查模块一：程序设计第 22 题任务 1
 * 任务 1：输出出警顺序
 */
public class Task1 {
    public static void main(String[] args) {
        Scanner sc = new Scanner(System.in);
        // n(2<= n <=10000)
        System.out.println("请输入一个整型偶数：");
        int n = sc.nextInt();
```

```
                // 输出奇数序列
                for (int i=1;i<=n;i=i+2) {
                        System.out.print(i+" ");
                }
                System.out.println();
                // 输出偶数序列
                for (int i=2;i<=n;i=i+2) {
                        System.out.print(i+" ");
                }
                sc.close();
        }
}
```

任务 2

（1）解题思路

由 3、5、7 个人的队形可以判断总人数，我们编程的思路是逆向思维，由总人数（从 10~100 循环）分别除以 3、5、7 得到余数去匹配，匹配成功则找到总人数。

（2）程序流程图

试题 J1-22 任务 2 的程序流程图如图 7-16 所示。

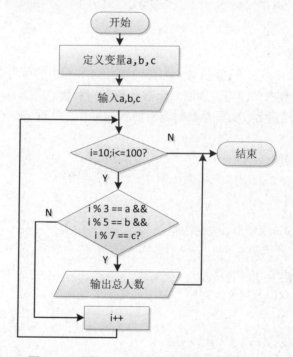

图 7-16　试题 J1-22 任务 2 的程序流程图

（3）参考代码

```
package com.csmz.chapter07.j1_22;
import java.util.Scanner;
/**
```

```
 * 技能抽查模块一：程序设计第 22 题任务 2
 * 任务 2：实现点名计数
 */
public class Task2 {
    public static void main(String[] args) {
        int a, b, c;
        Scanner sc = new Scanner(System.in);
        System.out.println("请输入三个整数（a<3,b<5,c<7）：");
        a = sc.nextInt();
        b = sc.nextInt();
        c = sc.nextInt();
        // a 为除以 3 的余数，b 为除以 5 的余数，c 为除以 7 的余数
        for (int i = 10; i <= 100; i++) {
            if (i % 3 == a && i % 5 == b && i % 7 == c) {
                System.out.println("总人数为：" + i);
                break;
            }
        }
        sc.close();
    }
}
```

任务 3

（1）解题思路

n 为警员对应的编号，该警员对应的部门编号为 1~n 中的所有素数的和。根据题意求出 1~n 中的所有素数的和即可。判断一个数 n 是否为素数，用 2--n-1 去除这个数，只要遇到能除尽的，则不是素数，如果是素数则累加到 sum 中。最后 sum 的值即为警员对应的部门编号。

（2）程序流程图

试题 J1-22 任务 3 的程序流程图如图 7-17 所示。

（3）参考代码

```
package com.csmz.chapter07.j1_22;
import java.util.Scanner;
/**
 * 技能抽查模块一：程序设计第 22 题任务 3
 * 任务 3：实现求部门编号
 */
public class Task3 {
    public static void main(String[] args) {
        Scanner sc = new Scanner(System.in);
        System.out.println("一个整数 n（2<n<1000）:");
        int n = sc.nextInt();
        int sum=0;
        for (int i=2;i<=n;i++) {
            if (IsPrime(i)) {
                sum+=i;
```

```
            }
        }
        System.out.println("警员对应部门的编号为："+sum);
        sc.close();
    }
    // 是素数返回 true，否则返回 false
    static boolean IsPrime(int x) { // 判断是否是素数
        for (int i = 2; i < x; i++) {
            if (x % i == 0)
                return false;
        }
        return true;
    }
}
```

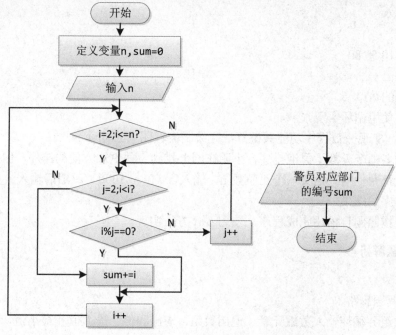

图 7-17　试题 J1-22 任务 3 的程序流程图

7.2.6　试题编号：J1-29《歌手大赛系统》关键算法

1. 任务描述

A 学校即将举行"校园歌手大赛"，为了快速准确地分析选手的得分情况，A 学校决定开发一个歌手大赛系统。为了实现该系统的功能，请完成以下 3 个任务。

任务 1：实现计算平均分功能关键算法并绘制流程图（30 分）

小明今天参加了"校园歌手大赛"，评委的打分规则是，去掉一个最低分和一个最高分后算出剩下分数的平均分，你能帮助小明快速地算出平均分吗？（评委数量必须大于 2）

输入说明：首先输入一个整数 n，代表评委人数，然后输入 n 个数。请按照题目的计算规则计算出平均分然后输出。

例如，输入：

6

100 90 90 80 85 95

按照题目计算平均分并输出：

90.0

注意：使用循环和数组实现。

任务 2：实现查数功能关键算法并绘制流程图（30 分）

求 n（2<=n<=10）个整数中倒数第二小的数。每一个整数都独立看成一个数，比如，有三个数分别是 1、1、3，那么，第二小的数就是 1（每个数均小于 100）。

说明：首先输入一个整数 n，然后输入 n 个数。请输出第二小的数。

例如输入：

5

-5 -10 10 50 80

程序输出

第 2 小的数：-5

注意：使用循环实现。

任务 3：实现分数排序功能关键算法并绘制流程图（30 分）

小明的老师今天教了冒泡排序，小明在网上找到一种更加方便的排序，但是小明不会使用，你能帮帮他吗？定义一个正整数 n，输入 n（0<n<1000），然后输入 n 个数，输出从小到大排序的结果。

注意：按照题目描述完成程序，使用 sort 方法实现。

2．试题解析

任务 1

（1）解题思路

定义数组并循环输入数组元素，遍历数组，求出和值、最大值和最小值，然后将和值去掉最大值和最小值，计算平均值，输出平均值。

（2）程序流程图

试题 J1-29 任务 1 的程序流程图如图 7-18 所示。

（3）参考代码

```java
package com.csmz.chapter07.j1_29;
import java.util.Scanner;
/**
 * 技能抽查模块一：程序设计第 29 题任务 1
 * 任务 1：实现计算平均分功能
 */
public class Task1 {
    public static void main(String[] args) {
```

```
Scanner sc = new Scanner(System.in);
System.out.println("请输入一个正整数 n:");
int n = sc.nextInt();
System.out.println("请输入 n 个成绩，成绩之间空一格:");
int[] a = new int[n];
for (int i = 0; i < n; i++) {
    a[i] = sc.nextInt();
}
double sum = a[0];      // 求和
int min = a[0], max = a[0];
for (int i = 1; i < a.length; i++) {
    if (a[i] > max) {   // 有更大的保存
        max = a[i];
    }
    if (min > a[i]) {   // 有更小的保存
        min = a[i];
    }
    sum += a[i];
}
// 计算平均分，去掉最高分和最低分
double avg = (sum - min - max) / (a.length - 2);
System.out.printf("平均分是：%.1f", avg);
sc.close();
    }
}
```

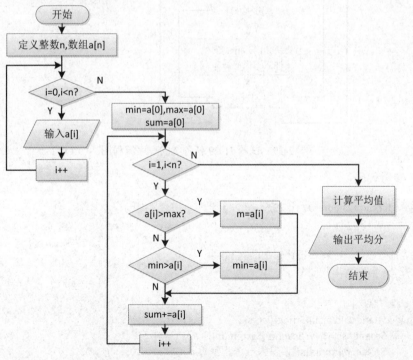

图 7-18 试题 J1-29 任务 1 的程序流程图

任务 2

（1）解题思路

定义整数数组，循环输入数组元素，使用冒泡排序（可以参考第 20 题的任务 1）对数组进行升序排序。排序后，第二小的数的下标为[1]，输出该数。

（2）程序流程图

试题 J1-29 任务 2 的程序流程图如图 7-19 所示。

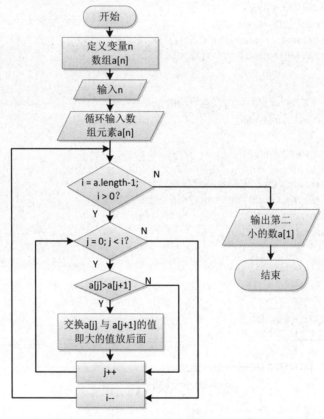

图 7-19　试题 J1-29 任务 2 的程序流程图

（3）参考代码

```
package com.csmz.chapter07.j1_29;
import java.util.Scanner;
/**
 * 技能抽查模块一：程序设计第 29 题任务 2
 * 任务 2：输出第二小的数
 */
public class Task2 {
    public static void main(String[] args) {
        Scanner sc = new Scanner(System.in);
        System.out.println("请输入一个正整数 n（2<=n<=10）:");
        int n = sc.nextInt();
        int[] a = new int[n];
```

```
            System.out.println("请输入 n 个数(<100):");
            for (int i = 0; i < a.length; i++) {
                a[i] = sc.nextInt();
            }
            // 调用 sort()方法排序
            bubble(a);
            // 输出第二小的数
            System.out.println("第二小的数是：" + a[1]);
            sc.close();
        }
        // 冒泡排序函数，升序
        static void bubble(int a[]) {
            for (int i = a.length - 1; i > 0; i--) {   //i 代表趟数
                for (int j = 0; j < i; j++) {          // 每完成一趟，则待排数组长度减 1
                    if (a[j] > a[j + 1]) {             // 相邻两两比较
                        int t = a[j];                  // 交换位置，小的放前面
                        a[j] = a[j + 1];
                        a[j + 1] = t;
                    }
                }
            }
        }
    }
```

任务 3

（1）解题思路

快速排序比冒泡排序更好、更快。快速排序是一种交换排序，使用分治法（Divide and conquer）策略来把一个序列（list）分为两个子序列（sub-lists）。主要步骤是：从数列中挑出一个元素，称为"基准"（pivot），重新排序数列，所有比基准值小的元素放在基准前面，所有比基准值大的元素放在基准后面（相同的数可以放在任何一边）。在这个分区结束之后，该基准就处于数列的中间位置，这个称为分区（partition）操作。递归地（recursively）把小于基准值元素的子数列和大于基准值元素的子数列排序。递归到最底部时，数列的大小是 0 或 1，也就是已经排序好了。这个算法一定会结束，因为在每次的迭代（iteration）中，它至少会把一个元素摆到它最后的位置去。

（2）程序流程图

试题 J1-29 任务 3 的程序流程图如图 7-20 所示。

（3）参考代码

```
package com.csmz.chapter07.j1_29;
import java.util.Scanner;
/**
 * 技能抽查模块一：程序设计第 29 题任务 3
 * 任务 3：快速排序比冒泡排序更好、更快
 */
public class Task3 {
    public static void main(String[] args) {
```

```java
        Scanner sc = new Scanner(System.in);
        System.out.println("输入 n（0<n<1000）:");
        int n = sc.nextInt();
        int[] array = new int[n];
        System.out.println("输入 n 个数（使用空格分隔）:");
        for (int i = 0; i < n; i++) {
                array[i] = sc.nextInt();
        }
        System.out.print("排序前:");
        printPart(array, 0, array.length - 1);
        // 调用快速排序方法
        sort(array, 0, array.length - 1);
        System.out.print("排序后:");
        printPart(array, 0, array.length - 1);
        sc.close();
}
// 快速排序
private static void sort(int[] list, int left, int right) {
        // 左下标一定小于右下标，否则就越界了
        if (left < right) {
        // 对数组进行分割，取出下次分割的基准标号
                int base = division(list, left, right);
                System.out.format("base = %d:", list[base]);
                printPart(list, left, right);
        // 对“基准标号”左侧的一组数值进行递归切割，以将这些数值完整地排序
                sort(list, left, base - 1);
        // 对“基准标号”右侧的一组数值进行递归切割，以将这些数值完整地排序
                sort(list, base + 1, right);
        }
}
// 对数组进行分割
public static int division(int[] list, int left, int right) {
        // 以最左边的数（left）为基准
        int base = list[left];
        while (left < right) {
                // 从序列右端开始，向左遍历，直到找到小于 base 的数
                while (left < right && list[right] >= base)
                    right--;
                // 找到了比 base 小的元素，将这个元素放到最左边的位置
                list[left] = list[right];
                // 从序列左端开始，向右遍历，直到找到大于 base 的数
                while (left < right && list[left] <= base)
                    left++;
                // 找到了比 base 大的元素，将这个元素放到最右边的位置
                list[right] = list[left];
        }
        // 最后将 base 放到 left 位置。此时，left 位置的左侧数值应该都比 left 小；
        // 而 left 位置的右侧数值应该都比 left 大
        list[left] = base;
```

```
            return left;
    }
// 输出序列
public static void printPart(int[] list, int begin, int end) {
        for (int i = begin; i <= end; i++) {
                System.out.print(list[i] + " ");
        }
        System.out.println();
    }
}
```

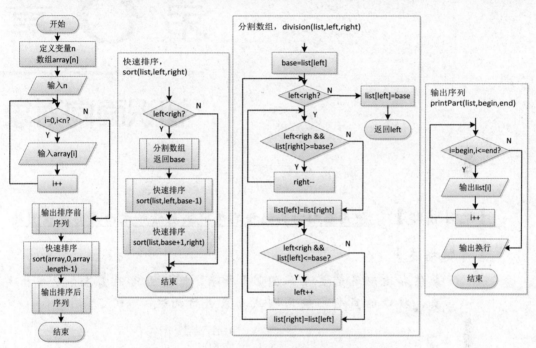

图 7-20　试题 J1-29 任务 3 的程序流程图

第 **8** 章

初识面向对象

【学习情境】 使用面向对象编程思想解决教练和运动员的编程问题

【问题描述】

教练和运动员的关系如图 8-1 所示,根据图中的需求,完成相关类、接口的声明,编写测试类来进行测试。

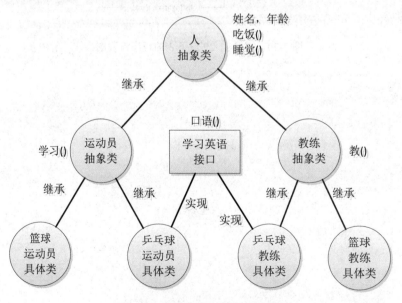

图 8-1 教练和运动员问题分析

8.1　类和对象

20 世纪 80 年代之后有了面向对象分析（Object Oriented Analysis）、面向对象设计（Object Oriented Design）、面向对象程序设计（Object Oriented Programming）等新的系统开发方式的研究。面向对象程序设计是程序设计的新思维，它既吸收了结构化程序设计的一切优点，又考虑了现实世界与面向对象空间的映射关系，它所追求的目标是将现实世界问题的求解尽可能简单化。

面向对象程序设计是当今主流的程序设计思想，已经取代了过程化程序开发技术，Java 是完全面向对象程序设计的语言。程序中的很多对象来自 JDK 标准库，而更多的类需要我们程序员自定义。

面向对象有以下特点：

（1）面向对象是一种常见的思想，比较符合人们的思考习惯；

（2）面向对象可以将复杂的业务逻辑简单化，增强代码重用性；

（3）面向对象具有封装、继承、多态等特性。

8.1.1　认识类和对象

面向对象程序设计是将数据以及对数据的操作放在一起，作为一个相互依存、不可分割的整体来处理，它采用了数据抽象和信息隐藏技术。它将对象及对对象的操作抽象成一种新的数据类型——类，并且考虑不同对象之间的联系和对象所在类的重用性。从理论上讲，只要对象能够实现业务功能，其具体的实现细节不必特别关心。

1. 对象

对象是现实世界中一个实际存在的事物，它是有形的，也可以是无形的或无法整体触及的抽象事物。对象是构成世界的一个独立单位，它具有自己的静态特征和动态特征。一个对象可以包含多个属性和多个服务，其中，属性是一组数据结构的集合，表示对象的一种状态，对象的状态只供对象自身使用，用来描述静态特征；服务是对象所表现的行为或者一组功能的体现，用来描述对象动态特征，具体包括自操作和它操作。自操作是对象对其内部数据属性进行的操作，它操作是对其他对象进行的操作。对象具有如下的特性：

（1）对象具有属性和行为；

（2）对象具有变化的状态；

（3）对象具有唯一标识，可以区别于其他对象；

（4）对象都是某个类的实例；

（5）一个对象的成员仍可以是一个对象；

（6）一切皆为对象，真实世界中的所有事物都可以视为对象。

2. 类

在面向对象程序设计过程中，抽象过程是将各个具体的对象找出其共性，将对象划分成不同的类。类是对象的抽象及描述，是多个对象具有的共同属性和操作的统一描述体。在类的描述中，每个类要有一个名字标识，用以标识一组对象的共同特征。类的每个对象都是该类的实例。类提供了完整地解决特定问题的能力，因为类描述了数据结构（对象属性）、算法（服务、方法）和外部接口（消息协议），是一种用户自定义的数据类型。简单地说，对象的抽象是类，类的具体化就是对象。类和对象的示例如表 8-1 所示。

表 8-1　类和对象的示例

类	对　　象
人	正在校园里清洁的学校环卫工人刘三姐
	正在 601 教室里的学生张小丽
汽车	一辆黑色的红旗轿车
	一辆白色的比亚迪跑车
动物	一只叫"猫咪"的小花猫
	一只叫"欢欢"的中华田园犬

8.1.2　类的定义与封装

1. 定义类

类是 Java 中的一种重要的复合数据类型，也是组成 Java 程序的基本要素。在 Java 中定义一个类，需要使用 class 关键字、一个自定义的类名和一对表示程序体的大括号。完整语法格式如下。

```
[访问权限修饰符] [非访问权限修饰符] class <class_name> [extends <class_name>]
[implements <interface_name>] {
    //定义属性部分
    <property_type> <property1>;
    <property_type> <property2>;
    <property_type> <property3>;
    ...
    //定义方法部分
    function1();
    function2();
    function3();
    ...
}
```

上述语法格式中各关键字的描述如下。

① 访问权限修饰符：public 表示公有的，private 表示私有的，protected 表示受保护的，若省略表示 default 缺省的。Java 访问权限修饰符使用范围如表 8-2 所示。在类声明时常用 public 或者缺省的。

② 非访问权限修饰符：static 静态域修饰符，final 最终域修饰符，volatile 易失（共享）域修饰符，transient 暂时性域修饰符，abstract 抽象域修饰符等。在类声明时常用 abstract 和 final。被 abstract 修饰，表示该类为抽象类（后面将详细介绍抽象类）。类被 final 修饰，表示该类不允许被继承。

③ class：声明类的关键字。

④ class_name：自定义的类的名称。

⑤ extends：表示继承其他类。

⑥ implements：表示实现某些接口。

⑦ property_type：表示成员变量的类型。

⑧ property[1-3]：表示成员变量名称。

⑨ function[1-3]()：表示成员方法名称。

表 8-2　Java 访问权限修饰符使用范围

	public	protected	default	private
同一个类	√	√	√	√
同一个包	√	√	√	×
子类	√	√	×	×
不同包	√	×	×	×

【例 8-1】定义一个类，名为 Person，包含成员变量姓名（name）和年龄（age），成员方法 speak()。

（1）解题思路

创建一个新的类，就是创建一个新的数据类型。定义一个类一般分为以下步骤：

①声明类。编写类的最外层框架，例如，声明一个名称为 Person 的类。

```
public class Person {
    //类的主体
}
```

②编写类的属性。类中的属性和方法统称为类成员。其中，类的属性就是类的数据成员。通过在类的主体中定义变量来描述类所具有的特征（属性），这里声明的变量称为类的成员变量。

③编写类的方法。类的方法描述了类所具有的行为，是类的方法成员。可以简单地把方法理解为独立完成某个功能的单元模块。

（2）Java 源代码

```
package com.csmz.chapter08.example;
class Person {
    private String name;        // 姓名
    private int age;            // 年龄
    // 定义说话的方法
    public void speak() {
        System.out.println(name + "今年" + age + "岁！");
```

```
        }
    }
public class Example01 {
    public static void main(String[] args) {
        Person person = new Person();
        person.speak();
    }
}
```

程序运行结果如下：

null 今年 0 岁！

2. 面积对象的封装特性

在面向对象程序设计中，封装是指一种将抽象性函数接口的实现细节部分包装、隐藏起来的方法。封装就是将对象的属性和方法相结合，通过方法将对象的属性和实现细节保护起来，实现对象的属性隐藏，防止该类的代码和数据被外部类定义的代码随机访问。要访问该类的代码和数据，必须通过严格的接口控制。封装最主要的功能在于我们能修改自己的实现代码，而不用影响那些调用我们代码的程序。适当的封装可以让程序更加容易理解与维护，也提高了程序的安全性。

封装的做法是修改属性的可见性来限制对属性的访问，并为每个属性创建一对取值（getter）方法和赋值（setter）方法，用于对这些属性的访问。实现封装的具体步骤如下：

（1）修改属性的可见性来限制对属性的访问；

（2）为每个属性创建一对赋值方法和取值方法，用于对这些属性的访问；

（3）在赋值和取值方法中，加入对属性的存取限制。

【例 8-2】以一个员工类（Employee）的封装为例介绍封装过程。一个员工的主要属性有姓名（name）、年龄（age）、联系电话（phone）和家庭住址（address）。

（1）解题思路

声明员工类的 4 个属性，并设置其可见性来限制对属性的访问，一般限制为 private，这样只能本类才能访问，其他类都访问不了，如此就对信息进行了隐藏。接下来对每个值属性提供对外公共（public）的 getter 和 setter 方法访问。这些 public 方法是外部类访问该类属性的入口，任何要访问类中私有属性的类都要通过这些 getter 和 setter 方法。

（2）Java 源代码

```
package com.csmz.chapter08.example;
class Employee {
    private String name;          // 姓名
    private int age;              // 年龄
    private String phone;         // 联系电话
    private String address;       // 家庭住址
    public String getName() {
    return name;
    }
    public void setName(String name) {
```

```
            this.name = name;
        }
        public int getAge() {
            return age;
        }
        public void setAge(int age) {
            // 对年龄进行限制
            if (age < 18 || age > 40) {
                System.out.println("年龄必须在 18 到 60 之间！");
                this.age = 20;     // 默认年龄
            } else {
                this.age = age;
            }
        }
        public String getPhone() {
            return phone;
        }
        public void setPhone(String phone) {
            this.phone = phone;
        }
        public String getAddress() {
            return address;
        }
        public void setAddress(String address) {
            this.address = address;
        }
    }
    public class Example02 {
        public static void main(String[] args) {
            Employee people = new Employee();
            people.setName("王小丽");
            people.setAge(20);
            people.setPhone("13812340001");
            people.setAddress("湖南省长沙市");
            System.out.println("姓名：" + people.getName());
            System.out.println("年龄：" + people.getAge());
            System.out.println("电话：" + people.getPhone());
            System.out.println("家庭住址：" + people.getAddress());
        }
    }
```

程序运行结果如下：

姓名：王小丽

年龄：20

电话：13812340001

家庭住址：湖南省长沙市

通过上述代码可以看出，封装实现了对属性的数据访问限制，满足了年龄的条件。在属性的赋值方法中可以对属性进行限制操作，从而给类中的属性赋予合理的值，并通过取值方法获取类中属性的值。由此可以看出，封装具有以下优点：

①良好的封装能够减少耦合；

②类内部的结构可以自由修改；

③可以对成员变量进行更精确的控制；

④隐藏信息，实现细节。

8.1.3　构造方法

构造方法是一个特殊的、名字与类名相同的方法。构造方法有以下特点：

（1）构造方法名和类名相同；

（2）在构造方法名的前面没有返回值类型的声明，也不能加 void 关键字；

（3）在构造方法体中不能使用 return 语句返回一个值；

（4）在创建对象时，要调用构造方法，如：Book b1=new Book();构造方法是初始化对象的重要途径；

（5）当没有指定构造方法时，系统会自动添加无参的构造方法；

（6）当有指定构造方法时，无论该构造方法是有参，还是无参，系统都不会再自动添加无参的构造方法；

（7）一个类可以包含多个构造方法。

【例 8-3】构造方法示例：构造一个 Cat 类，包含一个构造方法，当创建并实例化 Cat 类的对象时调用了构造方法。

```
package com.csmz.chapter08.example;
public class Example03 {
    public static void main(String[] args) {
        Cat cat= new Cat ();    // 创建对象时调用了构造方法
    }
}
class Cat{
    public Cat () {
        System.out.println("构造方法被调用了！");
    }
}
```

程序运行结果如下：

构造方法被调用了！

【例 8-4】构造方法类型及重载实例。

（1）解题思路

当一个类没有显示声明构造方法时，则系统自动提供默认的构造方法，默认的构造方法没有参数和方法体，只是单纯用于创建对象。与普通方法一样，构造方法也可以重载，就是方法名相同，方法签名不同，方法签名包含参数的个数、类型以及不同类型参数的顺序。

（2）Java 源代码

```java
package com.csmz.chapter08.example;
public class Example04 {
    public static void main(String[] args) {
        Person person1 = new Person();              // 调用了无参构造方法
        Person person2 = new Person(18);            // 调用了有参构造方法 1
        Person person3 = new Person("张三", 20);    // 调用了有参构造方法 2
    }
}
class Person {
    private String name;
    private int age;
    // 无参构造方法
    public Person() {
        System.out.println("无参构造方法被调用了！");
    }
    // 有参构造方法 1
    public Person(int a) {
        age = a;
        System.out.println("有参构造方法 1 被调用了！");
    }
    // 有参构造方法 2，构造方法重载
    public Person(String n, int a) {
        name = n;
        age = a;
        System.out.println("有参构造方法 2 被调用了！");
    }
}
```

程序运行结果如下：

无参构造方法被调用了！

有参构造方法 1 被调用了！

有参构造方法 2 被调用了！

8.1.4 this 关键字

当一个对象创建后，Java 虚拟机就会给这个对象分配一个引用自身的指针，这个指针的名字就是 this。this 只能在类中的非静态方法中使用，静态方法和静态的代码块中绝对不能出现 this，并且 this 只和特定的对象关联，而不和类关联，同一个类的不同对象有不同的 this。

Java 中为解决变量的命名冲突和不确定性问题，引入关键字 this 代表其所在方法的当前对象的引用：

①构造方法中指该构造器所创建的新对象；

②方法中指调用该方法的对象；

③在类本身的方法或构造器中引用该类的实例变量（全局变量）和方法。

【例 8-5】this 关键字实例。

（1）解题思路

this 可以用来完成成员变量和实例方法的引用，也可以完成对构造方法的引用，但是构造方法时，引用语句必须放在某一构造方法体的第一语句位置，从而实现引用该类的其他构造方法。

（2）Java 源代码

```java
package com.csmz.chapter08.example;
public class Example05 {
    public static void main(String[] args) {
        Dog dog = new Dog("Tom", "白色");
        dog.show();
    }
}
class Dog {
    private String name;
    private String color;
    public Dog(String name) {
        this.name = name;        // 用 this 区分同名的形参和成员变量
    }
    public Dog(String name, String color) {
        this(name);              // this 放在第一语句位置，引用构造方法 Dog(String name)
        this.color = color;      // 用 this 区分同名的形参和成员变量
    }
    public void show() {
        // 用 this 引用当前对象的实例方法，此处 this. 可以省略
        System.out.println(this.toString());
    }
    @Override                    // 这个是重写父类方法，后面会介绍
    public String toString() {
        // 用 this 引用成语变量
        return "这是一只名叫" + this.name + "的" + this.color + "小狗！";
    }
}
```

代码说明如下。

（1）程序运行结果如下：

这是一只名叫 Tom 的白色小狗！

（2）当实例变量和局部变量重名，Java 虚拟机会按照先局部变量、后实例变量的顺序寻找，也就是说方法中使用到的变量的寻找规律是先找局部变量，再找实例变量，如果没找到，将会有一个编译错误而无法通过编译。

（3）如果使用 this.a，则不会在方法（局部变量）中寻找变量 a，而是直接去实例变量中去寻找，如果寻找不到，则会有一个编译错误。

（4）在一个方法内，如果没有出现局部变量和实例变量重名的情况下，是否使用 this

关键字是没有区别的。

（5）在同一个类中，Java 普通方法的互相调用可以省略 this+点号，而直接使用方法名+参数，因为 Java 编译器会帮我们加上。

（6）另外需要注意的是，this 只能在类中的非静态方法中使用，在静态方法和静态代码块中是不能使用 this 预定义对象引用的，即使其后边所操作的也是静态成员也不行。因为 this 代表的是调用这个函数的对象的引用，而静态方法是属于类的，不属于具体某个对象，静态方法成功加载后，对象还不一定存在。

8.1.5　static 关键字

使用 static 关键字修饰的成员变量、常量、成员方法和代码块称为静态变量、静态常量、静态方法和静态代码块，它们统称为静态成员，为类所有，而不依赖于类的特定实例对象，被类的所有实例共享。只要这个类被加载，Java 虚拟机就可以根据类名在运行时数据区的方法区内找到它们。

调用静态成员的语法形式如下：

类名. 静态成员

1．静态变量

类的成员变量中没有被 static 关键字修饰的称为实例变量，被 static 关键字修饰的称为静态变量（类变量）。对于实例变量来说，每创建一个类的实例，Java 虚拟机就会为实例变量分配一次内存。在类的内部，可以在非静态方法中直接访问实例变量；在本类的静态方法或其他类中则需要通过类的实例对象进行访问。而对于静态变量来说，Java 虚拟机在加载类的过程中完成静态变量的内存分配，并且在类的整个生命周期中只为静态变量分配一次内存。在类的内部，可以在任何方法内直接访问静态变量；在其他类中，可以通过类名访问该类中的静态变量。

静态变量主要有以下作用：

（1）用于类的所有实例共享之间共享数据，增加实例之间的交互性。

（2）如果类的所有实例都包含一个相同的常量属性，则可以把这个属性定义为静态变量类型，从而节省内存空间，例如，在类中定义一个静态变量 PI。

public static double PI = 3.14159256;

2．静态方法

与类的成员变量相似，类中没有被 static 关键字修饰的称为实例方法，被 static 关键字修饰的称为静态方法（类方法）。实例方法中可以直接访问所属类的静态变量、静态方法、实例变量和实例方法。静态方法不能直接访问所属类的实例变量和实例方法，但是可以直接访问所属类的静态变量和静态方法。另外，静态方法不需要通过它所属的类的任何实例就可以被调用，因此在静态方法中不能使用 this 关键字，和 this 关键字一样，在静态方法中也不能使用 super 关键字，super 关键字在后面内容中学习。

【例8-6】创建一个带静态变量的类，添加几个静态方法对静态变量的值进行修改，然后在main()方法中调用静态方法并输出结果。

（1）解题思路

在类中定义静态方法和实例方法，在 main()方法中可以直接访问静态方法，也可以通过类名访问或者通过类的实例对象来访问，但是实例方法需要通过类的实例对象来访问。由于静态变量是被类的所有实例所共享的，当静态变量值的修改之后，访问该静态变量都是修改之后的值。

（2）Java 源代码

```java
package com.csmz.chapter08.example;
public class Example06 {
    public static int count = 1;          // 定义静态变量 count，并赋初值为 1
    public int method1() {                // 实例方法 method1
        count++;                          // 访问静态变量 count 并将其自加 1
        // 输出 count 的值
        System.out.println("在静态方法 method1()中的 count=" + count);
        return count;
    }
    public static int method2() {         // 静态方法 method2
        count += count;                   // 访问静态变量 count 并将其值与自身相加
        // 输出 count 的值
        System.out.println("在静态方法 method2()中的 count=" + count);
        return count;
    }
    public static void PrintCount() {     // 静态方法 PrintCount
        count += 2;                       // 访问静态变量 count 并将其值加 2
        // 输出 count 的值
        System.out.println("在静态方法 PrintCount()中的 count=" + count);
    }
    public static void main(String[] args) {
        Example06 obj = new Example06();
        // 通过实例对象调用实例方法
        System.out.println("method1()方法返回值 intro1=" + obj.method1());
        // 直接调用静态方法
        System.out.println("method2()方法返回值 intro1=" + method2());
        // 通过类名调用静态方法，输出 count 的值
        Example06.PrintCount();
    }
}
```

程序运行结果如下：

在静态方法 method1()中的 count=2

method1()方法返回值 intro1=2

在静态方法 method2()中的 count=4

method2()方法返回值 intro1=4

在静态方法 PrintCount()中的 count=6

3. 静态代码块

静态代码块是指在 Java 类中定义的 static{}代码块，主要用于初始化类，为类的静态变量赋初始值。静态代码块类似于一个方法，但它又不可以存在于任何方法体中。Java 虚拟机在加载类时会执行静态代码块，如果类中包含多个静态代码块，则 Java 虚拟机将按它们在类中出现的顺序依次执行它们，每个静态代码块只会被执行一次。在静态代码块中与在静态方法中一样不能直接访问类的实例变量和实例方法，而需要通过类的实例对象来访问。

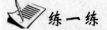 **练一练**

1. 符合对象和类关系的是（　　　　）
   A. 人和老虎　　　　B. 书和汽车　　　　C. 楼和土地　　　　D. 汽车和交通工具
2. 关于封装下面介绍错误的是（　　　　）
   A. 封装将变化隔离　　　　　　　　　B. 封装提高重用性
   C. 封装提高安全性　　　　　　　　　D. 只有被 private 修饰才叫作封装
3. 下面对 this 的作用描述错误的是（　　　　）
   A. this()语句必须放在构造函数的第一行，根据 this 后面括号中的参数调用本类其他的构造函数
   B. this 可以调用本类的一般函数
   C. 当成员变量和局部变量重名的时候可以用 this 区分
   D. this 可以调用父类的一般函数

8.2　类的继承

继承是代码复用的一种形式，即在具有包含关系的类中，派生类继承基类的全部属性和方法，从而减少了代码冗余，提高了程序运行效率。换而言之，子类（派生类）继承父类（基类）的特征和行为。例如，一个矩形（Rectangle 类）属于四边形（Quadrilateral），正方形、平行四边形和梯形同样都属于四边形。从类的角度来解释，可以说成 Rectangle 类是从 Quadrilateral 类继承而来的，其中 Quadrilateral 类是基类，Rectangle 类是派生类。

8.2.1　类的继承

类的继承使用关键字 extends，定义格式如下：

```
class class_name extends extend_class {
    //类的主体
}
```

说明：class_name 表示子类（派生类）的名称；extend_class 表示父类（基类）的名称；extends 关键字直接跟在子类名之后，其后面是该类要继承的父类名称。

【例 8-7】分别创建教师类：属性（工号、姓名、性别、职称），方法（吃、自我介绍、教学）和学生类：属性（学号、姓名、性别、专业），方法（吃、自我介绍、学习）。

（1）解题思路

根据题意，创建 Teacher 类、Student 类，然后编写测试代码，实例化这两个类并调用他们的方法。

（2）Java 源代码

```java
package com.csmz.chapter08.example;
class Teacher {
    private String no, name, gender;                                    // 编号，姓名，性别
    private String title;                                               // 职称
    public Teacher(String no, String name, String gender, String title) {  //构造方法
        this.no = no;
        this.name = name;
        this.gender = gender;
        this.title = title;
    }
    public void eat() {                                                 // 吃
        System.out.println(name + "正在吃");
    }
    public void introduction() {                                        // 自我介绍
        System.out.println("大家好！我是" + no + "，名叫：" + name + "，性别" + gender + "。");
    }
    public void teaching() {                                            // 教学
        System.out.println("正在教学");
    }
}
class Student {
    private String no, name, gender;                                    // 编号，姓名，性别
    private String major;                                               // 专业
    public Student(String no, String name, String gender, String major) {  //构造方法
        this.no = no;
        this.name = name;
        this.gender = gender;
        this.major = major;
    }
    public void eat() {                                                 // 吃
        System.out.println(name + "正在吃");
    }
    public void introduction() {                                        // 自我介绍
        System.out.println("大家好！我是：" + no + "，名叫：" + name + "，性别" + gender + "。");
    }
    public void study() {                                               // 学习
        System.out.println("正在学习");
    }
}
public class Example07 {
    public static void main(String[] args) {
```

```
        Teacher teacher = new Teacher("125001", "张三", "男", "教授");
        teacher.eat();
        teacher.introduction();
        Student student = new Student("123456", "李四", "女", "软件技术");
        student.eat();
        student.introduction();
    }
}
```

程序运行结果如下：

张三正在吃

大家好！我是：125001，名叫：张三，性别男。

李四正在吃

大家好！我是：123456，名叫：李四，性别女。

从创建 Teacher 和 Student 这两个类的代码可以看出来，代码存在重复了，导致后果就是代码量大且臃肿，而且后期维护性是需要修改的时候，就需要修改很多的代码，而且还容易出错，所以要从根本上解决这两段代码的问题，就需要继承，将两段代码中相同的部分提取出来组成一个父类（People 类），因为 Teacher 和 Student 这两个类具有共同的属性：id、姓名、性别，都有 eat 和 introduction 方法，而教师还具有职称属性和 teaching 方法，学生还具有所学专业属性和 study 方法。创建一个 People 类，定义 no、name、gender 属性与 eat 和 introduction 方法。

```
class People {
    private String no, name, gender;          // 编号，姓名，性别
    public People(String no, String name, String gender) {
        this.no = no;
        this.name = name;
        this.gender = gender;
    }
    public void eat() {
        System.out.println(name + "正在吃");
    }
    public void introduction() {
        System.out.println("大家好！我是：" + no + "号，名叫：" + name + "，性别" + gender + "。
");
    }
}
```

这个 People 类就可以作为一个父类，然后 Teacher 类和 Student 类继承这个类之后，就具有父类当中的属性和方法，子类就不会存在重复的代码，维护性也提高，代码也更加简洁，提高代码的复用性（复用性主要是同样的代码可以多次使用，不用书写多次），继承之后的代码如下，代码修改之后，再次运行程序，结果与之前的完全一样。

```
class Teacher extends People {
    private String title;                      // 职称
    public Teacher(String no, String name, String gender, String title) {
```

```
            super(no, name, gender);          // 调用父类构造方法
            this.title = title;
        }
        public void teaching() {
            System.out.println("正在教学");
        }
    }
class Student extends People {
        private String major;                          // 专业
        public Student(String no, String name, String gender, String major) {
            super(no, name, gender);          // 调用父类构造方法
            this.major = major;
        }
        public void study() {
            System.out.println("正在学习");
        }
    }
```

Java 的继承是单继承，就是说 Java 不支持多继承，只允许一个类直接继承另一个类，即子类只能有一个父类，extends 关键字后面只能有一个类名。但是 Java 支持多重继承，也就是说一个类可以有多个间接的父类，例如 A 类继承 B 类，B 类继承 C 类，所以按照关系就是 C 类是 B 类的父类，B 类是 A 类的父类。

Java 的继承具有以下特性：

（1）子类拥有父类非 private 的属性、方法。

（2）子类可以拥有自己的属性和方法，即子类可以对父类进行扩展。

（3）子类可以用自己的方式实现父类的方法，即重写父类方法。

8.2.2　重写父类方法

在子类中如果创建了一个与父类中相同名称、相同返回值类型、相同参数列表的方法，只是方法体中的实现不同，以实现不同于父类的功能，这种方式被称为方法重写，也被称为方法覆盖，即 Override。重写是子类对父类的允许访问的方法的实现过程进行重新编写，但是返回值和形参都不能改变。重写的优势在于子类可以根据需要，定义特定于自己的行为。也就是说子类能够根据需要实现父类的方法。

在重写方法时，需要遵循以下规则：

（1）参数列表必须完全与被重写的方法参数列表相同，否则不能称其为重写。

（2）返回类型与被重写方法的返回类型可以不相同，但是必须是父类返回值的派生类（Java5 及更早版本返回类型要一样），否则不能称其为重写。

（3）访问修饰符的限制一定要大于被重写方法的访问修饰符（public > protected > default > private）。

（4）父类的成员方法只能被它的子类重写。

（5）声明为 final 的方法不能被重写。

（6）声明为 static 的方法不能被重写，但是能够被再次声明。

（7）构造方法不能被重写。

（8）重写方法一定不能抛出新的检查异常或者比被重写方法声明更加宽泛的检查型异常。例如，父类的一个方法声明了一个检查异常 IOException，在重写这个方法时就不能抛出 Exception，只能抛出非检查异常 IOException 或者该类的子类异常。

【例 8-8】创建 Father 类（属性：name、age，方法：earn()）及 Son 类（属性：no，方法：study()，重写 earn()方法），以实现重写。

（1）解题思路

根据题意，创建 Father 类和 Son 类，Son 类重写了父类中的 earn()方法，然后编写测试代码，实例化这两个类并调用他们的方法。

（2）Java 源代码

```java
package com.csmz.chapter08.example;
public class Example08 {
    public static void main(String[] args) {
        Father f = new Father("老父亲");
        System.out.println(f.getName());
        f.earn();
        Son s = new Son("傻儿子");
        System.out.println(s.getName());
        s.earn();
        s.study();
    }
}
class Father{
    private String name, age;
    public Father(String name) {
        this.name = name;
    }
    public String getName() {
        return name;
    }
    public void earn() {    //挣钱
        System.out.println("挣钱 1000...");
    }
}
class Son extends Father{
    private String no;
    public Son(String name) {
        super(name);
    }
    @Override
    public void earn() {    //挣钱
        System.out.println("挣钱 100...");
```

```
        }
        public void study() {
                System.out.println("学习...");
        }
}
```

程序运行结果如下：

老父亲

挣钱 1000...

傻儿子

挣钱 100...

学习...

8.2.3　super 关键字

子类可以继承父类的非私有成员变量和成员方法，但是如果在子类中声明的成员变量与父类的同名，这时父类的成员变量将被隐藏。如果子类中声明的成员方法与父类的成员方法同名，并且参数个数、类型和顺序也相同，那么子类的成员方法就重写了父类的成员方法。此时，如果想在子类中访问父类中被隐藏的成员变量和成员方法时，就需要使用 super 关键字。一般在以下情况需要使用 super 关键字：

①在类的构造方法中，通过 super 语句调用该类的父类的构造方法；

②在子类中访问父类中的成员（方法或变量）。

子类可以通过 super 关键字来调用一个由父类定义的构造方法，格式如下：

super(parameter-list);

其中，parameter-list 指定了父类中构造方法所需的所有参数。super()必须是在子类构造方法的主体第一行。

具体使用方法可以参见【例 8-7】或者【例 8-8】。

使用 super 关键字访问父类中的成员与 this 关键字的使用相似，只不过它引用的是子类的父类，基本形式如下：

super.member

其中，member 是父类中的方法或变量。这种形式多用于子类的成员名隐藏了父类中的同名成员的情况。

【例 8-9】在 Animal 类和 Dog 类中分别定义了 public 类型的 name 属性和 private 类型的 name 属性，并且 Dog 类继承 Animal 类。那么，我们可以在 Dog 类中通过 super 关键字来访问父类 Animal 中的 name 属性，通过 this 关键字来访问本类中的 name 属性。

（1）解题思路

使用 super 实现子类的成员名隐藏父类中同名成员的情况。尽管 Dog 类中的属性 name 隐藏了 Animal 类中的 name 属性，但是 super 允许访问父类中的 name 属性。另外，super 还可以用于调用被子类隐藏的方法。

（2）Java 源代码

```java
package com.csmz.chapter08.example1;
public class Example09 {
    public static void main(String[] args) {
        Animal dog = new Dog("动物", "汪星人");
        System.out.println(dog);
    }
}
// 父类 Animal 的定义
class Animal {
    public String name;                 // 动物名字
}
// 子类 Dog 的定义
class Dog extends Animal {
    private String name;                // 名字
    public Dog(String aname, String dname) {
        super.name = aname;         // 通过 super 关键字来访问父类中的 name 属性
        this.name = dname;          // 通过 this 关键字来访问本类中的 name 属性
    }
    public String toString() {
        return "我是" + super.name + "，我的名字叫" + this.name;
    }
}
```

程序运行结果如下：

我是动物，我的名字叫汪星人

8.2.4　final 关键字

final 的意思最终的，不可改变的。final 关键字表示对象是最终形态的，对象是不可改变的意思。final 可以用于修饰类、方法和变量。

final 用在类的前面表示类不可以被继承，即该类是最终形态，如常见的 java.lang.String 类。final 用在方法的前面表示方法不可以被重写，也就是说这种方法提供的功能已经满足当前要求，不需要进行扩展，并且也不允许任何从此类继承的类来重写这种方法，但是通过继承仍然可以继承这个方法，也就是说可以直接使用。

final 用在变量前面，表示该变量不可改变，此时该变量被称为常量。也就是说，final 关键字修饰的变量一旦被初始化便不可改变，这里不可改变的意思对基本类型来说是其值不可变，而对对象属性来说其引用不可再变。变量值的初始化可以在两个地方：一是其定义处；二是在构造函数中。

 练一练

1. 下面描述函数重写错误的是（　　　　）。

　　A. 要有子类继承或实现

    B. 子类方法的权限必须大于等于父类的权限

    C. 父类中被 private 权限修饰的方法可以被子类重写

    D. 子类重写接口中的抽象方法，子类的方法权限必须是 public 的

2. 在 Java 语言中，下列关于类的继承的描述，正确的是（　　　　）。

    A. 一个类可以继承多个父类　　　　B. 一个类可以具有多个子类

    C. 子类可以使用父类的所有方法　　　D. 子类一定比父类有更多的成员方法

3. 下列选项中关于 Java 中 super 关键字的说法错误的是（　　　　）。

    A. 当子父类中成员变量重名的时候，在子类方法中想输出父类成员变量的值，可以用 super 区分子父类成员变量

    B. super 语句可以放在构造函数的任意一行

    C. 子类可以通过 super 关键字调用父类的方法

    D. 子类可以通过 super 关键字调用父类的属性

8.3　抽象类与接口

抽象类是用来捕捉子类的通用特性的，而接口则是抽象方法的集合。抽象类不能被实例化，只能被用作子类的超类，是被用来创建继承层级里子类的模板，而接口只是一种形式，接口自身不能做任何事情。

抽象类可以有默认的方法实现，子类使用 extends 关键字来继承抽象类，如果子类不是抽象类的话，它需要提供抽象类中所有声明方法的实现。而接口完全是抽象的，它根本不存在方法的实现，子类使用关键字 implements 来实现接口，它需要提供接口中所有声明方法的实现。

抽象类可以有构造器，除了不能实例化抽象类之外，它和普通 Java 类没有任何区别，抽象方法可以有 public、protected 和 default 这些修改符。而接口不能有构造器，是完全不同的类型，接口方法默认修改符是 public，不可以使用其他修改符。

Java 是单重继承的语言，通过接口可以实现多重继承关系。

8.3.1　抽象类

1. 抽象类概念

在面向对象的概念中，所有的对象都是通过类来描绘的，但是反过来，并不是所有的类都是用来描绘对象的，如果一个类中没有包含足够的信息来描绘一个具体的对象，这样的类就是抽象类，抽象类使用关键字 abstract 描述。

抽象类往往用来表征对问题领域进行分析、设计中得出的抽象概念，是对一系列看上去不同，但是本质上相同的具体概念的抽象。比如，在一个图形编辑软件的分析设计过程中，就会发现问题领域存在着圆、三角形、矩形这样一些具体概念，它们是不同的，但是

它们又都属于形状这样一个概念，形状这个概念在问题领域并不是直接存在的，它就是一个抽象概念，而正是因为抽象的概念在问题领域没有对应的具体概念，所以用以表征抽象概念的抽象类时是不能够实例化的。

2．抽象方法

在定义抽象类之前，我们需要来了解一下什么是抽象方法。抽象方法是一种特殊的方法：它只有声明，而没有具体的实现，即没有方法体。抽象方法的声明格式为：

abstract void fun();

注意：

（1）抽象方法必须用 abstract 关键字进行修饰；

（2）抽象方法没有方法体。

如果一个类含有抽象方法，则称这个类为抽象类，抽象类必须在类前用 abstract 关键字修饰。因为抽象类中含有无具体实现的方法，所以不能用抽象类创建对象。

3．抽象类使用注意事项

抽象类的定义和类的定义方法相同，抽象类使用要注意以下几点：

（1）抽象类和抽象方法必须用 abstract 关键字修饰；

（2）抽象类不一定有抽象方法，有抽象方法的类一定是抽象类；

（3）抽象类不能实例化，一般由具体的子类实例化；

（4）抽象类的子类要么是抽象类，要么重写抽象类中的所有抽象方法。

【例 8-10】描述图形、圆形、矩形三个类。不管哪种图形都会具备计算面积与周长的行为，但是每种图形的计算方法不一样。图形类定义为抽象类，具有计算面积与周长的抽象方法，子类均实现了父类中的抽象方法。

（1）解题思路

定义抽象类 MyShape 表示图形，其中有两个抽象方法：getArea()计算面积、getPerimeter()计算周长。定义 Rectangle 类表示矩形继承 MyShape 图形类，Circle 类表示圆形继承 MyShape 图形类，均实现父类中的抽象方法。

（2）Java 源代码

```
package com.csmz.chapter08.example;
public class Example10 {
    public static void main(String[] args) {
        // 圆形
        Circle c = new Circle("圆形", 4.0);
        c.getArea();
        c.getPerimeter();
        // 矩形
        Rectangle r = new Rectangle("矩形", 3, 4);
        r.getArea();
        r.getPerimeter();
    }
}
```

```java
// 图形类--抽象类
abstract class MyShape {
    String name;
    public MyShape(String name) {
        this.name = name;
    }
    // 抽象方法
    public abstract void getArea();
    public abstract void getPerimeter();
}
// 圆形是图形的一种
class Circle extends MyShape {
    double r;
    public static final double PI = 3.14;
    public Circle(String name, double r) {
        super(name);
        this.r = r;
        System.out.println(name + "的半径是：" + r);
    }
    public void getArea() {
        System.out.println(name + "面积是：" + PI * r * r);
    }
    public void getPerimeter() {
        System.out.println(name + "周长是：" + 2 * PI * r);
    }
}
// 矩形也是图形的一种
class Rectangle extends MyShape {
    int width, height;
    public Rectangle(String name, int width, int height) {
        super(name);
        this.width = width;
        this.height = height;
        System.out.println(name + "的长和宽是：" + width + "," + height);
    }
    public void getArea() {
        System.out.println(name + "面积是：" + width * height);
    }
    public void getPerimeter() {
        System.out.println(name + "周长是：" + 2 * (width + height));
    }
}
```

程序运行结果如下：

圆形的半径是：4.0

圆形面积是：50.24

圆形周长是：25.12

矩形的长和宽是：3,4

矩形面积是：12

矩形周长是：14

8.3.2 接口

1. 接口的概念

接口概念的理解如同生活中常见的 USB 接口、HDMI 接口等。Java 接口纯粹是契约的集合，是一种程序设计的表达方式。从数据抽象的角度看，能够在不定义 class 的同时又可以定义 type，是程序设计中强大而有用的机制。Java 接口就是这些纯粹的接口组成的数据抽象。Java 接口只能够拥有抽象方法，它不涉及任何实现，也不能创建其对象（即不能实例化，这一点和抽象类是一致）。

2. 接口的定义

接口的定义使用关键字 interface。接口的定义同类的定义类似，也是分为接口的声明和接口体，其中接口体由常量定义和方法定义两部分组成。定义接口的基本格式如下：

```
[修饰符] interface  接口名  [extends 父接口名列表]{
    [public] [static] [final]  常量;
    [public] [abstract]  方法;
}
```

注意：

（1）接口只能被 public abstract 修饰符修饰，可省略；

（2）接口中的变量只能使用 public static final 修饰，可省略；

（3）接口中的方法只能使用 public abstract 修饰，可省略；

（4）接口中不能有实现的方法。

【例 8-11】描述橡皮接口、铅笔类、带橡皮的铅笔类。橡皮接口有 area 成员以及 clean 擦除方法，铅笔类有 name 成员和 write 写方法，带橡皮的铅笔类继承铅笔类实现橡皮接口。

（1）解题思路

定义橡皮接口，具有 area 成员以及 clean 擦除方法。定义铅笔类，具有 name 成员和 write 写方法。定义带橡皮的铅笔类继承铅笔类实现橡皮接口。

（2）Java 源代码

```
package com.csmz.chapter08.example;
// 橡皮接口
interface Eraser {
    int area = 1;
    void clean(); // 擦除方法
}
// 普通的铅笔类
class Pencil {
    String name;
```

```
            Pencil() {
            }
            Pencil(String name) {
                this.name = name;
            }
            void write() {
                System.out.println(name + "写字...");
            }
    }
    //带橡皮的铅笔
    class PencilWithEraser extends Pencil implements Eraser {
            PencilWithEraser() {
            }
            PencilWithEraser(String name) {
                super(name);
            }
            void write() {
                System.out.println(name + ":考试专用");
            }
            @Override
            public void clean() {
                System.out.println(super.name + ":带橡皮的铅笔，就是好用");
            }
    }
    public class Example11 {
            public static void main(String[] args) {
                Pencil pencil = new Pencil("David 铅笔");
                pencil.write();
                PencilWithEraser pw = new PencilWithEraser("2B 铅笔");
                pw.write();
                pw.clean();
            }
    }
```

程序运行结果如下：

David 铅笔写字...

2B 铅笔：考试专用

2B 铅笔：带橡皮的铅笔，就是好用

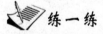 练一练

1．在 Java 中，如果父类中的某些方法不包含任何逻辑，并且需要有子类重写，应该使用（　　　　）关键字来声明父类的这些方法。

　　A．final　　　　　　B．static　　　　　　C．abstract　　　　　　D．void

2．在 Java 中，已定义了两个接口 B 和 C，要定义一个实现这两个接口的类，以下语句正确的是（　　　　）。

　　A．interface A extends B, C　　　　　　B．interface A implements B, C

　　C．class A implements B, C　　　　　　D．class A implements B, implements C

3．在 Java 中，在定义类时加上修饰符（　　　　）可以实现该类不能被实例化。

  A．final   B．public   C．private   D．abstract

8.4　多　　态

  Java 的三大特性包括封装、继承和多态。在前面的学习中介绍了封装和继承，这里我们来学习多态。多态是同一个行为具有多个不同表现形式或形态的能力。多态就是同一个接口，使用不同的实例而执行不同的操作，如图 8-2 所示。

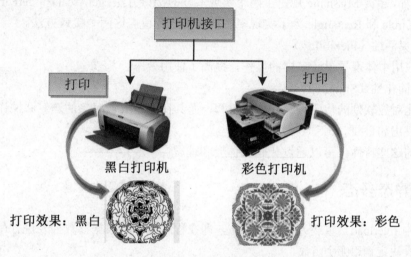

图 8-2　多态说明图例

8.4.1　多态概述

  多态是面向对象程序设计（OOP）的一个重要特征。如果一个语言只支持类而不支持多态，只能说明它是基于对象的，而不是面向对象的。

  多态是面向对象程序设计语言最核心的特征。多态性是对象多种表现形式的体现，意味着一个对象有着多重特征，可以在特定的情况下，表现出不同的状态，从而对应着不同的属性和方法。

  Java 中的多态性从绑定时间（运行时、编译时）来看，可以分成静态多态和动态多态，也称为编译期多态和运行期多态。运行时多态是动态多态，其具体引用的对象在运行时才能确定。在运行时，可以通过指向基类的指针，来调用实现派生类中的方法。编译时多态是静态多态，在编译时就可以确定对象使用的形式。同一操作作用于不同的对象，可以有不同的解释，产生不同的执行结果。

  多态是为消除类型之间的耦合关系而设计，优点可以归纳为以下五点。

  （1）可替换性（Substitutability）

多态对已存在代码具有可替换性。例如，多态对圆 Circle 类工作，对其他任何圆形几何体，如圆环，也同样工作，即子类可以替换父类，因为子类继承了父类的所有属性和方法，代码如：Father father = new Son();但是父类不能替换子类，因为子类有自己的扩充。

（2）可扩展性（Extensibility）

多态对代码具有可扩展性。增加新的子类不影响已存在类的多态性、继承性，以及其他特性的运行和操作。实际上新加子类更容易获得多态功能。例如，在实现了圆形、矩形以及正方形的多态基础上，很容易增添三角形等其他形状的多态性。

（3）接口性（Interface-ability）

多态是超类通过函数签名，向子类提供了一个共同接口，由子类来完善或者覆盖它而实现的。例如，超类 MyShape 规定了两个实现多态的接口方法：getArea()和 getPerimeter()。子类，如 Circle 和 Rectangle 为了实现多态，完善或者覆盖这两个接口方法。

（4）灵活性（Flexibility）

它在应用中体现了灵活多样的操作，提高了使用效率。

（5）简化性（Simplicity）

多态化对应软件的代码编写和修改过程，尤其在处理大量对象的运算和操作时，这个特点尤为突出和重要。

多态的这些特性，可以通过代码去体会和理解。

8.4.2 静态多态

Java 中 overload（重载）是静态多态，即在程序编译时根据参数列表进行最佳匹配，在编译阶段决定调用哪个函数。

【例 8-12】描述静态多态关系，定义 Animal 类，具有 eat()方法，定义 Horse 类继承 Animal 类且具有 eat(String food)方法，定义 UseAnimals 类，具有重载方法 doStuff()，他们的参数列表不同。测试代码通过传入不同的参数，而决定调用重载方法中的哪一个。

（1）解题思路

根据题意，定义 Animal 类、Horse 类、UseAnimals 类。测试代码给 doStuff()方法传入不同的参数，判断调用了哪个重载方法。

（2）Java 源代码

```java
package com.csmz.chapter08.example;
// 动物类
class Animal {
    public void eat() {
        System.out.println("Animal eat...");
    }
}
// 马类
class Horse extends Animal {
    public void eat(String food) {
```

```
                System.out.println("Horse eat " + food);
        }
    }
    // 使用动物类
    class UseAnimals {
        // 方法重载（overload），在编译阶段决定执行哪个方法
        public void doStuff(Animal a) {
            System.out.println("Animal");
        }
        public void doStuff(Horse a) {
            System.out.println("Horse");
        }
    }
    public class Example12 {
        public static void main(String[] args) {
            UseAnimals ua = new UseAnimals();
            Animal animalobj = new Animal();
            Horse horseobj = new Horse();
            Animal animalRefToHorse = new Horse();
            // 引用类型具体执行哪个方法是根据静态编译阶段来决定的
            ua.doStuff(animalobj);          // Animal
            ua.doStuff(horseobj);           // Horse
            ua.doStuff(animalRefToHorse);   // Animal
            // 注意：两个 eat 方法，既非重载，也非重写
            horseobj.eat();
            horseobj.eat("grass");
        }
    }
```

程序运行结果如下：

Animal

Horse

Animal

Animal eat...

Horse eat grass

8.4.3 动态多态

与静态多态相反，override（重写）是动态多态，是在运行时进行动态检查。如前所述，动态多态是在运行时，通过父类的引用指向子类的对象来实现。

1. 向上转型（upcasting）和向下转型（downcasting）

通过以下示例来说明什么是向上转型：

```
// 父类
class Animal {
    public void eat() {
        System.out.println("animal eatting...");
    }
}
// 子类
class Bird extends Animal {
    public void eat() {
        System.out.println("bird eatting...");
    }
    public void fly() {
        System.out.println("bird flying...");
    }
}
public class Test {
    public static void main(String[] args) {
        Animal b = new Bird(); // 向上转型，父类的引用指向子类的对象
        b.eat();
        //! error:b.fly();b 虽指向子类对象，但此时丢失 fly()方法
        Bird b2 = new Bird();
        b2 = (Bird)b;
        b2.fly();
    }
}
```

示例中父类的引用：Animal b，子类的对象：new Bird()，Animal b = new Bird()；这条语句表示父类的引用指向子类的对象，即向上转型。也就是说，子类继承了父类的特性，所以子类可以替换父类。但是要注意父类不能替换子类，也就是说 b.fly()会出错，父类的引用丢失了子类中的 fly()方法。

示例中，声明了 b2 为 Bird 对象，再将 b 对象向下转型为 Bird 对象，这时 b2 就可以调用 fly()方法了。要注意的是，b 必须是指向的 Bird 对象才可以转型，如果是其他对象，如 Dog，就不能转型。

总而言之，指向子类的父类引用由于向上转型了，它只能访问父类中拥有的方法和属性，而对于子类中存在而父类中不存在的方法，该引用是不能使用的。若子类重写了父类中的某些方法，在调用该方法的时候，必定是使用子类中定义的这些方法（动态连接、动态调用）。

2. 多态的实现条件

Java 实现多态有三个必要条件：继承、重写、向上转型。

继承：在多态中必须存在有继承关系的子类和父类。

重写：子类对父类中某些方法进行重新定义，在调用这些方法时就会调用子类的方法。

向上转型：在多态中需要将子类的对象赋给父类的引用，只有这样该引用才能够具备技能调用父类的方法和子类的方法。

只有满足了上述三个条件，我们才能够在同一个继承结构中使用统一的逻辑实现代码处理不同的对象，从而达到执行不同的行为。

对于 Java 而言，多态的实现机制遵循一个原则：当超类对象引用变量引用子类对象时，被引用对象的类型而不是引用变量的类型决定了调用谁的成员方法，但是这个被调用的方法必须是在超类中定义过的，也就是说被子类覆盖的方法。

【例 8-13】描述动态多态关系，定义 Person 类，具有 showDetails()方法，定义 Employee 类继承 Person 类，重写 showDetails()方法，定义 Student 类继承 Person 类，重写 showDetails() 方法。测试类中定义父类的引用指向子类的对象。

（1）解题思路

根据题意，定义 Person 类，Employee 类、Student 类继承 Person 类，子类重写父类中的 showDetails()方法，测试类中定义 Person 类的引用指向子类 Employee、Student 的对象，测试观察输出结果。

（2）Java 源代码

```java
package com.csmz.chapter08.example;
public class Example13 {
    public static void main(String[] args) {
        Person p = new Person();
        Employee e = new Employee();
        Student s =new Student();
        Person ref;
        // Person 的引用指向 Person 对象
        ref = p;
        ref.showDetails();
        // Person 的引用指向 Employee 对象
        ref = e;
        ref.showDetails();
        // Person 的引用指向 Student 对象
        ref = s;
        ref.showDetails();
    }
}
class Person{
    public void showDetails(){
        System.out.println("In the Person class");
    }
}
class Employee extends Person{
    @Override
    public void showDetails(){
        System.out.println("In the Employee class");
    }
}
class Student extends Person{
    @Override
    public void showDetails(){
```

```
        System.out.println("In the Student class");
    }
}
```

程序运行结果如下：

In the Person class

In the Employee class

In the Student class

【例 8-14】描述图形、圆形、矩形三个类。不管哪种图形都会具备计算面积与周长的
行为，但是每种图形计算的法不一样。图形类定义为抽象类，具有计算面积与周长的抽象
方法，子类均实现了父类中的抽象方法。测试类中定义父类的引用指向子类的对象。

（1）解题思路

定义抽象类 MyShape 表示图形，其中有两个抽象方法:getArea()计算面积、getPerimeter()
计算周长。定义 Rectangle 类表示矩形继承 MyShape 图形类，Circle 类表示圆形继承 MyShape
图形类，均实现父类中的抽象方法。

（2）Java 源代码

```
package com.csmz.chapter08.example;
/*
 * 动态多态 3 要素：1，继承；2，父类的引用指向子类的对象；3，重写
 */
public class Example14 {
    public static void main(String[] args) {
        System.out.println("----------动态多态示例----------");
        //根据用户传入的图形对象，计算出该图形的面积和周长
        System.out.println("矩形的周长和面积：");
        print(new Rectangle(3, 4)); // 实参为子类的对象
        System.out.println("圆形的周长和面积：");
        print(new Circle(10));
    }
    // 形参为父类的引用
    public static void print(MyShape m) {
        System.out.println(m.getPerimeter());
        System.out.println(m.getArea());
    }
}
// 父类
abstract class MyShape {
    public abstract double getArea();
    public abstract double getPerimeter();
}
// 子类
class Rectangle extends MyShape {
    double width, height;
    Rectangle(double width, double height) {
        this.width = width;
```

```
                this.height = height;
        }
        @Override
        public double getArea() {
                return width * height;
        }
        @Override
        public double getPerimeter() {
                return 2 * (width + height);
        }
}
// 子类
class Circle extends MyShape {
        double r;
        public static final double PI = 3.14;
        Circle(double r) {
                this.r = r;
        }
        @Override
        public double getPerimeter() {
                return 2 * PI * r;
        }
        @Override
        public double getArea() {
                return PI * r * r;
        }
}
```

程序运行结果如下：

----------动态多态示例----------

矩形的周长和面积：

14.0

12.0

圆形的周长和面积：

62.800000000000004

314.0

 练一练

1. 下面哪个不是面向对象程序设计的主要特征（   ）。

　　A. 封装　　　　　　 B. 继承　　　　　　 C. 多态　　　　　　 D. 结构

2. 在 Java 中，多态的实现不仅能减少编码的工作量，还能大大提高程序的可维护性及可扩展性，下面（   ）选项不属于多态的条件。

　　A. 子类重写父类的方法　　　　　 B. 子类重载同一个方法

　　C. 要有继承或实现　　　　　　　 D. 父类引用指向子类对象

8.5　面向对象编程综合实例

【例 8-15】设计与实现学习情境中给出的教练和运动员问题。

（1）解题思路

从图 8-1 中分析得出以下类设计，抽象类：人、运行员、教练；具体类：篮球运动员、乒乓球运动员、乒乓球教练和篮球教练；接口：学习英语，跟乒乓球相关的人员都需要学习英语。

（2）Java 源代码

```java
package com.csmz.chapter08.example3;
interface SpeakEnglish {
    //说英语
    public abstract void speak();
}
//定义人的抽象类
abstract class Person {
    private String name;
    private int age;
    public Person() {}
    public Person(String name, int age) {
        this.name = name;
        this.age = age;
    }
    public String getName() {
        return name;
    }
    public void setName(String name) {
        this.name = name;
    }
    public int getAge() {
        return age;
    }
    public void setAge(int age) {
        this.age = age;
    }
    //睡觉
    public void sleep() {
        System.out.println("人都是要睡觉的");
    }
    //吃饭
    public abstract void eat();//吃的不一样，抽象方法
}
```

```java
//定义运动员（抽象类）
abstract class Player extends Person {
    public Player() {}
    public Player(String name, int age) {
        super(name, age);
    }
    //这里会继承父类吃饭功能
    //学习
    public abstract void study();//运动员学习内容不一样，抽取为抽象
}
//定义教练（抽象类）
abstract class Coach extends Person {
    public Coach() {}
    public Coach(String name, int age) {
        super(name, age);
    }
    //教
    public abstract void teach();//教练教的不一样，抽象方法
}
//乒乓球运动员
class PingPangPlayer extends Player implements SpeakEnglish {
    public PingPangPlayer(){}
    public PingPangPlayer(String name, int age) {
        super(name, age);
    }
    //吃
    public void eat() {
        System.out.println("乒乓球运动员吃大白菜，喝小米粥");
    }
    //学习
    public void study() {
        System.out.println("乒乓球运动员学习如何发球和接球");
    }
    //说英语，对于接口抽象方法的具体重写
    public void speak() {
        System.out.println("乒乓球运动员说英语");
    }
}
//定义篮球运动员具体类
class BasketballPlayer extends Player {//不需要继承接口，因为他不需要说英语
    public BasketballPlayer(){}
    public BasketballPlayer(String name, int age) {
        super(name, age);
    }
    //吃
    public void eat() {
        System.out.println("篮球运动员吃牛肉，喝牛奶");
```

```java
    }
    //学习
    public void study() {
        System.out.println("篮球运动员学习如何运球和投篮");
    }
}
//定义乒乓球教练具体类
class PingPangCoach extends Coach implements SpeakEnglish {
    public PingPangCoach(){}
    public PingPangCoach(String name, int age) {
        super(name, age);
    }
    //吃
    public void eat() {
        System.out.println("乒乓球教练吃小白菜，喝大米粥");
    }
    //教
    public void teach() {
        System.out.println("乒乓球教练教如何发球和接球");
    }
    //说英语        对于接口抽象方法的具体重写
    public void speak() {
        System.out.println("乒乓球教练说英语");
    }
}
//定义篮球教练具体类
class BasketballCoach extends Coach {
    public BasketballCoach(){}
    public BasketballCoach(String name, int age) {
        super(name, age);
    }
    //吃
    public void eat() {
        System.out.println("篮球教练吃羊肉，喝羊奶");
    }
    //教
    public void teach() {
        System.out.println("篮球教练教如何运球和投篮");
    }
}
// 主类
class Example15 {
    public static void main(String[] args) {
        // 测试运动员(乒乓球运动员和篮球运动员)
        // 乒乓球运动员
        PingPangPlayer ppp = new PingPangPlayer();// 自己类实现
        ppp.setName("王浩");
```

```java
        ppp.setAge(36);
        System.out.println(ppp.getName() + "---" + ppp.getAge());
        ppp.eat();
        ppp.sleep();
        ppp.study();
        ppp.speak();
        System.out.println("---------------");
        // 通过带参构造给数据
        ppp = new PingPangPlayer("张继科", 31);
        System.out.println(ppp.getName() + "---" + ppp.getAge());
        ppp.eat();
        ppp.sleep();
        ppp.study();
        ppp.speak();
        System.out.println("---------------");
        // 篮球运动员
        BasketballPlayer bp = new BasketballPlayer();
        bp.setName("姚明");
        bp.setAge(39);
        System.out.println(bp.getName() + "---" + bp.getAge());
        bp.eat();
        bp.sleep();
        bp.study();
        // bp.speak(); //没有该方法，所以会报错
        System.out.println("---------------");
        // 乒乓球教练
        PingPangCoach ppc = new PingPangCoach();
        ppc.setName("刘国梁");
        ppc.setAge(43);
        System.out.println(ppc.getName() + "---" + ppc.getAge());
        ppc.eat();
        ppc.sleep();
        ppc.teach();
        ppc.speak();
        System.out.println("---------------");
        // 篮球教练
        BasketballCoach bc = new BasketballCoach("宫鲁鸣", 62);
        System.out.println(bc.getName() + "---" + bc.getAge());
        bc.eat();
        bc.sleep();
        bc.teach();
        // bc.speak();     //没有该方法，所以会报错
        System.out.println("---------------");
        // 多态
        Player player = new PingPangPlayer();
        eat(player);
        player = new BasketballPlayer();
        eat(player);
```

```
                System.out.println("---------------");
    }
        public static void eat(Player player) {
            player.eat();
        }
    }
```

程序运行结果如下：

王浩---36

乒乓球运动员吃大白菜，喝小米粥

人都是要睡觉的

乒乓球运动员学习如何发球和接球

乒乓球运动员说英语

张继科---31

乒乓球运动员吃大白菜，喝小米粥

人都是要睡觉的

乒乓球运动员学习如何发球和接球

乒乓球运动员说英语

姚明---39

篮球运动员吃牛肉，喝牛奶

人都是要睡觉的

篮球运动员学习如何运球和投篮

刘国梁---43

乒乓球教练吃小白菜，喝大米粥

人都是要睡觉的

乒乓球教练教如何发球和接球

乒乓球教练说英语

宫鲁鸣---62

篮球教练吃羊肉，喝羊奶

人都是要睡觉的

篮球教练教如何运球和投篮

乒乓球运动员吃大白菜，喝小米粥

篮球运动员吃牛肉，喝牛奶

8.6　习　　题

一、单选题

1. 关于构造函数以下说法错误的是（　　　　）。

   A. 使用 new + 构造方法，创建一个新的对象

   B. 构造方法可以具有返回值

   C. 构造方法是定义在 Java 类中的一个用来初始化对象的方法

   D. 构造方法与类同名

2. 在 Java 中，下面对于构造函数的描述正确的是（　　　　）。

   A. 类必须显式定义构造函数

   B. 构造函数的返回类型是 void

   C. 构造函数和类有相同的名称并且不能带任何参数

   D. 一个类可以定义多个构造函数

3. 在 Java 中，下面关于抽象类的描述不正确的是（　　　　）。

   A. 抽象类不可以被实例化

   B. 如果一个类中有一个方法被声明为抽象的，那么这个类必须是抽象类

   C. 抽象类中的方法必须都是抽象的

   D. 声明抽象类必须带有关键字 abstract

4. 在 Java 中，下面（　　　　）的陈述是正确的。

   A. 私有方法不能被重写　　　B. 公有方法被重写后的访问修饰符可以变成 private

   C. 静态方法不能被重写　　　D. 一个被重写的方法不能抛出一个在基类中不被检查的异常

5. 在 Java 接口中，下列选项里有效的方法声明是（　　　　）。

   A. public void aMethod();　　　　　B. private void aMethod();

   C. static void aMethod();　　　　　D. protected void aMethod();

6. 以下关于继承的叙述正确的是（　　　　）。

   A. 类只允许单一继承

   B. 一个类只能实现一个接口

   C. 一个类不能同时继承一个类和实现一个接口

   D. 接口只允许单一继承

7. Java 中，如果类 C 是类 B 的子类，类 B 是类 A 的子类，那么下面描述正确的是（　　　　）。

   A. C 可以继承 B 中的公有成员，同样也可以继承 A 中的公有成员

   B. C 只继承了 B 中的成员

   C. C 只继承了 A 中的成员

   D. C 不能继承 A 或 B 中的成员

8. 以下关于 Object 类说法错误的是（　　　　）。

   A. 一切类都直接或间接继承自 Object 类　　B. 接口也继承 Object 类

   C. Object 类中定义了 toString() 方法　　D. Object 类在 java.lang 包中

9. 下面对 static 的描述不正确的是（　　　　）。

   A. 静态修饰的成员变量和成员方法随着类的加载而加载

   B. 静态修饰的成员方法可以访问非静态成员变量

   C. 静态修饰的成员可以被整个类对象所共享

   D. 静态修饰的成员变量和成员方法随着类的消失而消失

10. 下面关于 Java 接口的说法不正确的是（　　　　）。

   A. 接口中定义的是扩展功能

   B. Java 接口中可以声明私有成员

   C. Java 接口不能被实例化

   D. 接口中可以被多个子类实现，一个类也可以同时实现多个接口

二、判断题

1. Java 中一个类只能有一个父类，使用接口可以实现多继承的逻辑。（　　　　）

2. 拥有 abstract 方法的类是抽象类，但抽象类中可以没有 abstract 方法。（　　　　）

3. 在定义成员变量时可以对其初始化，如果不对其初始化，Java 使用默认的值对其初始化，那么引用类型默认的初始化值为 null。（　　　　）

4. 在 Java 中对象可以赋值，只要使用赋值号（等号）即可，相当于生成了一个各属性与赋值对象相同的新对象。（　　　　）

5. 在面向对象概念中，每个对象都是由成员属性和方法两个最基本的部分组成的。（　　　　）

6. 构造函数用于创建类的实例对象，构造函数名应与类名相同，返回类型为 void。（　　　　）

7. 实现一个接口必须实现接口的所有方法。（　　　　）

8. 重写只有发生在父类与子类之间，而重载可以发生在同一个类中。（　　　　）

9. 子类将继承父类所有的属性和方法。（　　　　）

10. 关键字 this 和 super 不能用在 main() 方法中。（　　　　）

三、填空题

1. 面向对象的特征有_____、_____和_____。

2. 在面向对象概念中，每个对象都是由_____和_____两个最基本的部分组成的。

3. Java 程序中定义接口所使用的关键字是_____，接口中的属性都是_____，接口中的方法都是_____。

4. 定义类的保留字是_____，定义接口的保留字是_____。

5. 构造方法_____时被调用。

四、编程题

1. 编写程序创建 Point 类，要求如下：
   （1）double 类型的数据域 x 和 y 分别表示点的坐标；
   （2）x、y 的 get 和 set 方法；
   （3）一个无参构造方法；
   （4）一个创建点对象同时指定 x 和 y 坐标的有参的构造方法；
   （5）一个名为 distance(Point p) 的方法，返回从该点到指定点之间的距离；
   （6）一个名为 distance(double x, double y) 的方法，返回从该点到指定 x 和 y 坐标的指定点之间的距离。

2. 按以下要求编写程序：
   （1）编写 Animal 接口，接口中声明 run() 方法；
   （2）定义 Bird 类和 Fish 类实现 Animal 接口；
   （3）编写 Bird 类和 Fish 类的测试程序，并调用其中的 run() 方法。

3. 按以下要求编写程序：
   （1）定义一个抽象类 Vehicle，有属性车牌号 no，类型 type，价格 price 和抽象方法 show()；
   （2）定义一个轿车 Car 类继承 Vehicle，有特有属性 color，并重写 show() 方法；
   （3）定义一个公共汽车 Bus 类继承 Vehicle，有特有属性 seatCount，并重写 show() 方法；
   （4）编写测试类 VehicleTest，创建 Car 和 Bus 的对象，要求调用 show 方法，显示各自的特有属性。

附录 *A*

下载、安装与配置 Java 环境

JDK（Java Development Kit）最早是由 Sun 公司针对 Java 开发人员发布的免费软件开发工具包（Software Development Kit, SDK），现属于 Oracle 公司。这里需要说明的是，Oracle JDK 12 用于个人学习研究是免费的，但是如果安装在公司服务器用于商业服务是需要付费的，因此大家也可以去下载 OpenJDK，不过那个属于 GPL 协议。

作为 Java 语言的 SDK，普通用户并不需要安装 JDK 来运行 Java 程序，只需要安装 JRE（Java Runtime Environment）。而程序开发者必须安装 JDK 来编译、调试程序。

下面主要以 Windows 64 位操作系统为例来进行介绍，一般分为 3 个步骤：官网下载 JDK 安装包、安装 JDK、配置环境变量并测试。

A.1　官网下载 JDK 安装包

下载 JDK 安装包的主要步骤如下：

①打开浏览器，输入网址 https://www.oracle.com/index.html，进入 Oracle 官网的首页。

②在首页往下拉，找到如图 A-1 所示的界面，单击 Download Java SE 按钮。

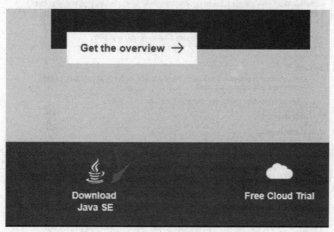

图 A-1　Oracle 官网首页底部

③进入到如图 A-2 所示的页面，Java SE 12 为目前最新版本的 JDK，往下拉有之前的版本。

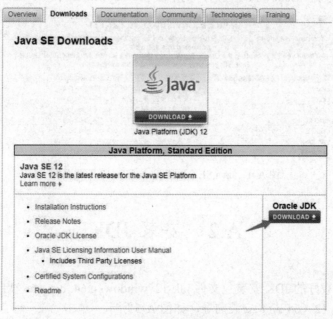

图 A-2　Java SE Downloads 页面

④单击图 A-2 中红色箭头所指的 DOWNLOAD 按钮，进入如图 A-3 所示的 Java SE Development Kit 12 的协议选择页面。选中 Accept License Agreement 单选按钮，接受许可协议。

Java SE Development Kit 12 Downloads

Thank you for downloading this release of the Java™ Platform, Standard Edition Development Kit (JDK™). The JDK is a development environment for building applications, and components using the Java programming language.

The JDK includes tools useful for developing and testing programs written in the Java programming language and running on the Java platform.

Important changes in Oracle JDK 12 License

Starting with JDK 11 Oracle has updated the license terms on which we offer the Oracle JDK.
The new Oracle Technology Network License Agreement for Oracle Java SE is substantially different from the licenses under which previous versions of the JDK were offered. Please review the new terms carefully before downloading and using this product.

Oracle also offers this software under the GPL License on jdk.java.net/12

See also:

- Java Developer Newsletter: From your Oracle account, select **Subscriptions**, expand **Technology**, and subscribe to **Java**.
- Java Developer Day hands-on workshops (free) and other events
- Java Magazine

JDK 12 checksum

Java SE Development Kit 12

You must accept the Oracle Technology Network License Agreement for Oracle Java SE to download this software.

Accept License Agreement   Decline License Agreement

Product / File Description	File Size	Download
Linux	154.11 MB	⬇jdk-12_linux-x64_bin.deb
Linux	162.53 MB	⬇jdk-12_linux-x64_bin.rpm

图 A-3　Java SE Development Kit 12 协议选择页面

⑤在如图 A-4 所示的下载页面中，根据操作系统的版本选择合适的 JDK 版本进行下载，如果操作系统是 windows 64 位的，则下载 jdk-12_windows-x64_bin.exe。

Java SE Development Kit 12

You must accept the Oracle Technology Network License Agreement for Oracle Java SE to download this software.
Thank you for accepting the Oracle Technology Network License Agreement for Oracle Java SE; you may now download this software.

Product / File Description	File Size	Download
Linux	154.11 MB	⬇jdk-12_linux-x64_bin.deb
Linux	162.53 MB	⬇jdk-12_linux-x64_bin.rpm
Linux	181.21 MB	⬇jdk-12_linux-x64_bin.tar.gz
macOS	173.38 MB	⬇jdk-12_osx-x64_bin.dmg
macOS	173.69 MB	⬇jdk-12_osx-x64_bin.tar.gz
Windows	158.49 MB	⬇jdk-12_windows-x64_bin.exe
Windows	179.44 MB	⬇jdk-12_windows-x64_bin.zip

图 A-4　Java SE Development Kit 12 下载页面

A.2　安装 JDK

双击已经下载好的 JDK 安装包文件 jdk-12_windows-x64_bin.exe，启动 Java（TM）SE Develpoment Kit 12（64-bit）安装向导，如图 A-5 所示。单击"下一步"按钮，弹出"定制安装"的对话框，如图 A-6 所示。

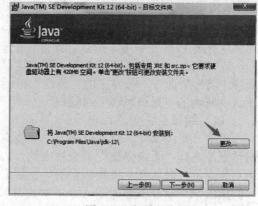

图 A-5   安装向导   图 A-6   定制安装

如果需要更改安装 JDK 的路径，可以单击"更改"按钮，选择新的安装路径，这里使用默认路径，单击"下一步"按钮，弹出"安装进度"对话框，开始提取安装程序，安装完了就会删除提取出来的安装程序文件，这个过程都会显示安装的进度，如图 A-7 所示。

当 JavaSE Develpoment Kit 12（64-bit）安装成功后会弹出如图 A-8 所示对话框，单击"关闭"按钮即可。这里说明一下，新版的 JDK 安装很快，已经不再像以前那些老版本一样需要分为 JDK 和 JRE 两个目录，在 JDK 11 之后的版本中都已经合并在一个目录中了。

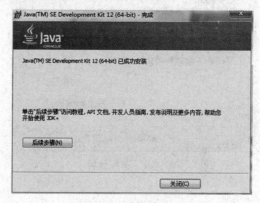

图 A-7   安装进度   图 A-8   安装完成

A.3   配置 JDK

从 JDK 9 开始发生了一个重大变化：之前类和资源文件存储在 lib/rt.jar 和 lib/tools.jar 中，从 JDK 9 版本开始，lib/dt.jar 和其他各种内部 JAR 文件都存储在一个特定的 lib 目录，所以不需要配置 CLASSPASTH 变量。JAVA_HOME 变量用于指定 JDK 的安装目录，以避免重复引用 JDK 安装目录时填写长路径的麻烦，当 JDK 安装目录发生更改，只需要修改 JAVA_HOME 变量的路径即可。在 JDK 11 之后的版本没有了单独的 JRE 目录，因此 JAVA_HOME 变量也不需要设置了。但是对于系统变量 Path 来说，它要求系统去运行一个程序而没有告诉它程序所在的完整路径时，系统除了在当前目录下寻找此程序外，还会到 Path 中指定的路径去寻找，因此还是需要配置。

Java 程序需要通过运行 javac 命令编译，再运行 java 命令执行，像 javaC.java 等常用的可执行文件放在 JDK 安装目录下的 bin 目录，所以需要把 JDK 安装目录下的 bin 目录增加到现有的 Path 变量中。所以，此处仅配置 JDK 的 bin 到 Path 变量中。

以 Windows 7 操作系统为例，在"这台电脑"图标上单击右键，在弹出的快捷菜单中选择"属性"命令，在弹出的"属性"对话框左侧单击"高级系统设置"超链接，弹出如图 A-9 所示的"系统属性"对话框。

（1）编辑系统变量 Path

单击"系统属性"对话框中的"环境变量"按钮，弹出如图 A-10 所示的"环境变量"对话框，选择"系统变量"列表框中的"Path"选项，然后单击"编辑"按钮，弹出"编辑系统变量"对话框，将光标置于"变量值"文本框中，然后按下键盘上的 Home 键，在"变量值"文本框中输入图 A-6 中安装 JDK 的路径";C:\Program Files\Java\jdk-12\bin;"，如图 A-11 所示。单击"确定"按钮，返回"环境变量"对话框，如图 A-12 所示。

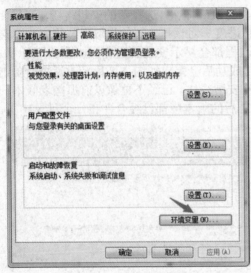
图 A-9　系统属性

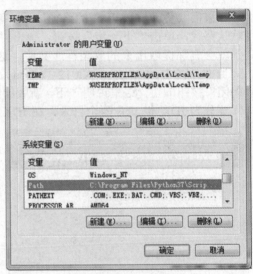
图 A-10　环境变量

图 A-11　编辑系统变量

图 A-12　系统变量修改成功

（2）测试系统变量是否配置成功

系统变量编辑完成以后，要验证是否配置成功。方法是按下窗口键+R 键，在弹出的对话框的文本框中输入 cmd，按回车键进入命令行模式。

输入 java -version，显示如图 A-13 所示的界面。

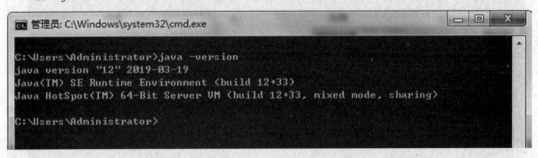

图 A-13　java –version 命令显示

输入 java，显示如图 A-14 所示的界面

图 A-14　java 命令显示

输入 javac，显示如图 A-15 所示的界面。

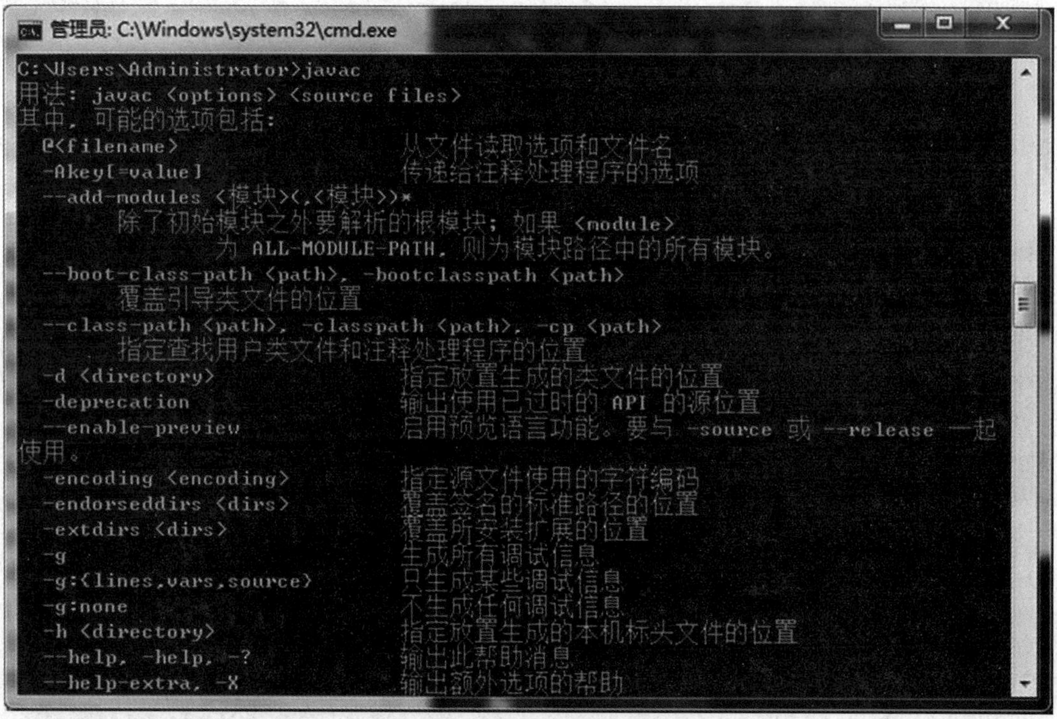

图 A-15　javac 命令显示

若显示的是其他内容，不是上面几张图的内容，则说明配置失败，需要重新配置。

A.4　Linux 系统下 Java 环境的搭建

由于 Linux 系统的版本较多，这里介绍一个适用于绝大部分 Linux 系统的安装方法，步骤如下：

①到 Oracle 公司的官网下载 jdk-12_linux-x64_bin.tar.gz 安装包。

②将文件 jdk-12_linux-x64_bin.tar.gz 移动到/root/java/（java 目录为自行创建）下，并使用以下命令解压：

tar -zxvf jdk-12_linux-x64_bin.tar.gz

③在/etc/profile 文件中配置环境变量使得 JDK 对所有用户生效。

使用以下命令编辑配置文件：

vi /etc/profile

在文件尾部添加如下信息：

export PATH=$PATH:/usr/java/jdk-12/bin

编辑完之后，保存并退出，然后输入以下指令，刷新环境配置使其生效：

source /etc/profile

④查看 JDK 是否安装成功，输入指令 java -version 即可。

附录 B

Java 常用方法列表

学会使用 JDK 帮助文档，有在线文档

- ☑ http://tool.oschina.net/apidocs/apidoc?api=jdk-zh，这是 JDK 6 中文在线文档；
- ☑ https://docs.oracle.com/en/java/javase/12/docs/api/index.html，这是 JDK 12 英文在线官网文档

离线文档（可百度搜索去下载）供查阅。

本文按使用频率的顺序列出了 Java 中常用类的常用方法供初学者了解，详细的运用请读者自行查阅帮助文档。经常查阅 JDK 帮助文档，对学习 Java 大有帮助。

打开 JDK 帮助文档，分三个窗口显示所有信息。默认状态下，左上角显示所有包名，左下角显示所有类列表，右侧窗口显示包的描述信息。可从左下角区域所有类列表中单击某个类，在右侧窗口中查阅该类的详细信息。也可以单击左上角的包名，在左下方列出该包中的接口和类，单击左下角列出的接口和类，在右侧显示该接口或类的详细信息。类或接口的详细信息包括：包层次关系、字段摘要、构造方法摘要和方法摘要等详细信息。

B.1　Math 类

Math 类包含用于执行基本数学运算的方法，如初等指数、对数、平方根和三角函数。Math 类有字段 E 和 PI 两个常量，分别代表比任何其他值都更接近 e（即自然对数的底数）的 double 值，约为 2.718；比任何其他值都更接近π（即圆的周长与直径之比）的 double 值，约为 3.1415926。Math 类提供用户使用的方法均是静态的，通过直接使用类名来调用，如 Math.sqrt(16)。

Math 类在 java.lang 包中，该包中的所有类和接口在编写 Java 代码时不需要使用 import 语句导入，其他所有包中的类和接口都需要导入。Math 类中的常用方法如表 B-1 所示。

表 B-1　Math 类的常用方法

序　号	方 法 名	功能描述	说明及示例
1	abs(参数)	求绝对值	参数类型可以有：double、float、int、long 例如，abs(−1) = 1
2	ceil(double a)	上取整	例如，ceil(1.99) = 2
3	cos(double a)	求三角余弦	例如，Math.cos(Math.PI / 180 * 60) 返回 0.5
4	floor(double a)	下取整	例如，floor(1.99)=1
5	max(参数 1，参数 2)	求最大值	参数类型可以有：double、float、int、long 例如，max(4,2)，返回 4
6	min(参数 1，参数 2)	求最小值	参数类型可以有：double、float、int、long 例如，min(4,2)，返回 2
7	pow(double a, double b)	求 a 的 b 次方值	例如，pow(2,2)，返回 4
8	random()	产生一个随机数	返回带正号的 double 值，该值大于等于 0.0 且小于 1.0 例如，(int)(Math.random() * 10 + 1)返回 1~10 之间的一个随机整数
9	round(参数)	求四舍五入的值	参数类型可以有：double、float 例如，Math.round(3.99)，返回 4
10	sin(double a)	求三角正弦	例如，Math.sin(Math.PI / 180 * 30) 返回 0.5
11	sqrt(double a)	求平方根	例如，Math.sqrt(16)，返回 4.0
12	tan(double a)	求三角正切	例如，Math.tan(Math.PI / 180 * 45)返回 1

B.2   String 类

String 类代表字符串。Java 程序中的所有字符串字面值（如"abc"）都作为此类的实例实现。String 类包括的方法可用于检查序列的单个字符、比较字符串、搜索字符串、提取子字符串、创建字符串副本并将所有字符全部转换为大写或小写等。String 表示一个 UTF-16 格式的字符串，占 2 个字节。除非另行说明，否则将 null 参数传递给此类中的构造方法或方法将抛出 NullPointerException 提示。

Java 语言提供对字符串串联符号（"+"），以及将其他对象转换为字符串的特殊支持。字符串串联是通过 StringBuilder（或 StringBuffer）类及其 append 方法实现的。字符串转换是通过 toString 方法实现的，该方法由 Object 类定义，并可被 Java 中的所有类继承。

String 的大多数方法需要通过 String 的对象来调用。例如：

String str = new String();

System.out.println(str.length());

String 类也在 java.lang 包中。String 类中的常用方法如表 B-2 所示。

表 B-2   String 类的常用方法

序　号	方　法　名	功能描述及示例
1	charAt(int index)	返回指定索引处的 char 值 例如，"123456789".charAt(2)，返回"3"
2	concat(String str)	将指定字符串连接到此字符串的结尾 例如，"123".concat("456")，返回"123456"
3	contains(CharSequence s)	当且仅当此字符串包含指定的 char 值序列时，返回 true。 例如，"123456".contains("456")，返回 true
4	endsWith(String s)	测试此字符串是否以指定的后缀结束 例如，"1234.".endsWith(".")，返回 true
5	equals(String s)	比较两个字符串 例如，"1234".equals("123")，返回 false
6	indexOf(Srting s)	字符串检索，从头开始检索 例如，"abcd".indexOf("c")，返回 2
7	indexOf(String s , int fromIndex)	字符串检索，从 fromIndex 处开始检索 如果没有检索到，将返回-1 例如，"abcdcd".indexOf("c",3)，返回 4
8	isEmpty()	当且仅当 length()为 0 时返回 true 例如，"".isEmpty()，返回 true
9	length()	获取字符串的长度 例如，"abce".length()，返回 4
10	matches(String regex)	告知此字符串是否匹配给定的正则表达式 例如，"12345".matches("[0-9]+")，返回 true

序　号	方 法 名	功能描述及示例
11	replace(char old, char new)	替换字符串中的字符 例如，"abcdef".replace("abc", "123")，返回"123def"
12	split(String regex)	根据给定正则表达式的匹配拆分此字符串 例如，String[] str = "aa,bb,cc".split(",");，返回","分隔的字符串数组
13	startsWith(String s)	测试此字符串从指定索引开始的子字符串是否以指定前缀开始，例如， "http://www.csmzxy.com".startsWith("http://") 返回 true
14	substring(int start, int end)	截取从 start 到 end 中间的字符 例如，"上海北京".substring(1, 2)，返回"海"
15	substring(int startpoint)	从 startpoint 处开始获取后面的子字符串 例如，"上海北京".substring(2)，返回"北京"
16	toCharArray()	将此字符串转换为一个新的字符数组 例如，char[] str = "abcdef".toCharArray();，返回字符数组
17	toLowerCase()	将此 String 中的所有字符都转换为小写 例如，"ABCD".toLowerCase()，返回"abcd"
18	toString()	返回此对象本身（它已经是一个字符串！） 例如，"1234".toString()，返回"1234"
19	toUpperCase()	将此 String 中的所有字符都转换为大写 例如，"abcd".toUpperCase()，返回"ABCD"
20	trim()	去掉字符串前后的空格 例如，" 北京 上海 ".trim()，返回"北京 上海"
21	valueOf(数值)	将数值转化为字符串 例如，Integer.valueOf("123")，返回 123

B.3　Calendar 类

Calendar 类是一个抽象类，它为特定时间与一组诸如 YEAR、MONTH、DAY_OF_MONTH、HOUR 之类的日历字段之间的转换提供了一些方法，并为操作日历字段（如，获得下星期的日期）提供了一些方法。

Calendar 类的初始化：

Calendar calendar = Calendar.getInstance();

Calendar 类在包 java.util.Calendar 中，为日期获取提供了支持，但是 Calendar 类的应用不如 Math 类、String 类简单，因此，此处给出一段示例代码演示 Calendar 类的常用属性（字段）和方法（函数）的应用，供初学者了解和学习。

【例 B-1】Calendar 类的常用属性及常用方法应用示例。

```java
package com.csmz.appendix02.example;
import java.util.Calendar;
import java.util.Date;
import java.text.SimpleDateFormat;
import java.util.Calendar;
import java.util.Date;
public class Example01 {
    public static void main(String[] args) {
        // 常用属性
        System.out.println("Calendar 类常用的属性（字段）示例及输出：");
        paramTest();
        // 常用方法
        System.out.println("Calendar 类常用的方法（函数）示例及输出：");
        methodTest();
    }
    // 常用属性
    public static void paramTest() {
        Date date = new Date();
        Calendar c = Calendar.getInstance();
        c.setTime(date);
        // Calendar.YEAR:日期中的年
        int year = c.get(Calendar.YEAR);
        // Calendar.MONTH:日期中的月，需要加 1
        int month = c.get(Calendar.MONTH) + 1;
        // Calendar.DATE:日期中的日
        int day = c.get(Calendar.DATE);
        // Calendar.HOUR:日期中的小时（12 小时制）
        int hour = c.get(Calendar.HOUR);
        // Calendar.HOUR_OF_DAY：24 小时制
        int HOUR_OF_DAY = c.get(Calendar.HOUR_OF_DAY);
        // Calendar.MINUTE:日期中的分钟
        int minute =c.get(Calendar.MINUTE);
        // Calendar.SECOND:日期中的秒
        int second = c.get(Calendar.SECOND);
        System.err.println(year + "-" + month + "-" + day + " " + hour + ":" + minute + ":" + second);
        // Calendar.WEEK_OF_YEAR:当前年中的星期数
        int WEEK_OF_YEAR = c.get(Calendar.WEEK_OF_YEAR);
        // Calendar.WEEK_OF_MONTH:当前月中的星期数
        int WEEK_OF_MONTH = c.get(Calendar.WEEK_OF_MONTH);
        // Calendar.DAY_OF_YEAR:当前年中的第几天
        int DAY_OF_YEAR = c.get(Calendar.DAY_OF_YEAR);
        // Calendar.DAY_OF_MONTH:当前月中的第几天
```

```
        int DAY_OF_MONTH = c.get(Calendar.DAY_OF_MONTH);
        // Calendar.DAY_OF_WEEK:当前星期的第几天（星期天表示第一天，星期六表示第七天）
        int DAY_OF_WEEK = c.get(Calendar.DAY_OF_WEEK);
        // Calendar.DAY_OF_WEEK_IN_MONTH:当前月中的第几个星期
        int DAY_OF_WEEK_IN_MONTH = c.get(Calendar.DAY_OF_WEEK_IN_MONTH);
        try {
            // 设置日期时间格式
            SimpleDateFormat format = new SimpleDateFormat("yyyy-MM-dd HH:mm:ss");
            Date ampm = format.parse("2012-12-15 21:59:59");
            Calendar cc = Calendar.getInstance();
            cc.setTime(ampm);
            // AM_PM:HOUR 是在中午之前还是在中午之后，在中午 12 点之前返回 0，在中午
12 点（包括 12 点）之后返回 1
            int AM_PM = cc.get(Calendar.AM_PM);
        } catch (Exception e) {
        }
    }
    // 常用方法
    public static void methodTest() {
        Date date = new Date();
        Calendar c = Calendar.getInstance();
        // setTime():使用给定的 Date 设置此 Calendar 的时间
        c.setTime(date);
        // 获取 Calendar 对象
        Calendar cm = Calendar.getInstance();
        // getTime():获取当前时间，类似于 new Date();
        Date d = cm.getTime();
        System.err.println("Calendar 获得时间: " + d);
        System.err.println("new Date 创建的时间: " + date);
        // getTimeInMillis():返回此 Calendar 的时间值，以毫秒为单位
        long dl = c.getTimeInMillis();
        long ddate = cm.getTimeInMillis();
        System.err.println("毫秒数: " + dl);
        System.err.println("毫秒数: " + ddate);
        // setTimeInMillis():用给定的 long 值设置此 Calendar 的当前时间值
        long sv = 123456;
        Calendar sc = Calendar.getInstance();
        sc.setTimeInMillis(sv);
        SimpleDateFormat ss = new SimpleDateFormat("yyyy-MM-dd HH:mm:ss");
        String st = ss.format(sc.getTime());
        System.err.println(st);
        // get():返回给定日历字段的值
        int year = c.get(Calendar.YEAR);
        System.err.println(year);
```

```
// set():将给定的日历字段设置为给定值
c.set(Calendar.YEAR, 2);
int y = c.get(Calendar.YEAR);
System.err.println(y);
// Calendar 比较：before(),after(),equals(),compareTo()
try {
        String startTime = "2012-12-12 12:45:39";
        String endTime = "2012-12-12 12:45:40";
        SimpleDateFormat sdf = new SimpleDateFormat("yyyy-MM-dd HH:mm:ss");
        Date startDate = sdf.parse(startTime);
        Date endDate = sdf.parse(endTime);
        Calendar start = Calendar.getInstance();
        Calendar end = Calendar.getInstance();
        start.setTime(startDate);
        end.setTime(endDate);
        if (start.before(end)) {
            System.err.println("开始时间小于结束时间");
        } else if (start.after(end)) {
            System.err.println("开始时间大于结束时间");
        } else if (start.equals(end)) {
            System.err.println("开始时间等于结束时间");
        }
        /*
         * start < end  返回-1 start = end  返回 0 start > end  返回 1
         */
        int count = start.compareTo(end);
        System.err.println(count);
        // add():为给定的日历字段添加或减去指定的时间量
        start.add(Calendar.YEAR, -3);
        System.err.println("原来的时间： " + startTime);
        System.err.println("add 后的时间： " + sdf.format(start.getTime()));
} catch (Exception e) {
}
    }
}
```

程序运行结果如下：

Calendar 类常用的属性（字段）示例及输出：

2019-4-6 5:10:49

Calendar 类常用的方法（函数）示例及输出：

Calendar 获得时间：Sat Apr 06 17:10:49 CST 2019

new Date 创建的时间：Sat Apr 06 17:10:49 CST 2019

毫秒数：1554541849925

毫秒数：1554541849925

1970-01-01 08:02:03

2019

2

开始时间小于结束时间

-1

原来的时间：2012-12-12 12:45:39

add 后的时间：2009-12-12 12:45:39

B.4 Arrays 类

Arrays 类包含用来操作数组（比如排序和搜索）的各种方法，Arrays 类没有字段。

【例 B-2】Arrays 类的常用方法应用示例。

```java
package com.csmz.appendix02.example;
import java.util.Arrays;
import java.util.Scanner;
public class Example02 {
    public static void main(String[] args) {
        Scanner sc = new Scanner(System.in);
        // 输入一行字符串
        System.out.print("请输入一行字符串(要求长度大于 9)：");
        String str = sc.nextLine();
        // 将字符串转换为字符数组
        char[] ch = str.toCharArray();
        // 声明一个字符数组
        char[] ch2 = {'a', 'b', 'c'};
        // 声明一个整型数组
        int[] num = {100, 200};
        // 数组排序
        Arrays.sort(ch);
        System.out.print("排序后：");
        System.out.println(ch);
        // 二分搜索，在字符数组 ch 中查找'A'，若找到返回下标，否则返回-1
        // 需先排序再查找
        System.out.print("查找字符 B 在数组中的位置：");
        System.out.println(Arrays.binarySearch(ch, 'B'));
        // 复制指定的数组，下标从 0 开始取 ch 数组的前 6 个字符
        System.out.print("取 0-6 个字符：");
        System.out.println(Arrays.copyOf(ch, 6));
```

```
        // 复制指定的数组，下标从 5-9 之间的字符
        System.out.print("取 5-9 个字符: ");
        System.out.println(Arrays.copyOfRange(ch, 5, 9));
        // 判断两个字符数组是否相等
        System.out.print("判断两个字符串是否相等: ");
        System.out.println(Arrays.equals(ch, ch2));
        // 转换成字符串
        System.out.print("整型数组转换为字符串: ");
        System.out.println(Arrays.toString(num));
    }
}
```

程序运行结果如下：

请输入一行字符串：abcabcABC

排序后：ABCaabbcc

查找字符 B 在数组中的位置：1

取 0-6 个字符：ABCaab

取 5-9 个字符：bbcc

判断两个字符串是否相等：false

整型数组转换为字符串：[100, 200]

附录 C

技能抽查试题（30 套）综合解析

C.1 试题编号：J1-1《小学生数学辅助学习系统》关键算法

1. 任务描述

随着社会的发展及人们对小学阶段教育的重视程度在不断提高，A 公司决定开发一套小学生数学辅助学习系统，通过完成趣味试题，采用游戏通关的方式，帮助小学生掌握数学里的基本概念和计算方法。

任务 1：实现趣味试题 1 的关键算法并绘制流程图（30 分）

通过键盘输入某年某月某日，计算并输出这一天是这一年的第几天。例如，2001 年 3 月 5 日是这一年的第 64 天。

注意：使用分支结构语句实现。

任务 2：实现乘法口诀助记功能的关键算法并绘制流程图（30 分）

选择乘法口诀助记功能，输出阶梯形式的 9×9 乘法口诀表，如图 C-1 所示。

注意：使用循环结构语句实现。

```
1*1=1
1*2=2    2*2=4
1*3=3    2*3=6    3*3=9
1*4=4    2*4=8    3*4=12   4*4=16
1*5=5    2*5=10   3*5=15   4*5=20   5*5=25
1*6=6    2*6=12   3*6=18   4*6=24   5*6=30   6*6=36
1*7=7    2*7=14   3*7=21   4*7=28   5*7=35   6*7=42   7*7=49
1*8=8    2*8=16   3*8=24   4*8=32   5*8=40   6*8=48   7*8=56   8*8=64
1*9=9    2*9=18   3*9=27   4*9=36   5*9=45   6*9=54   7*9=63   8*9=72   9*9=81
```

图 C-1 9×9 乘法口诀表

任务 3：实现趣味试题 2 关键算法并绘制流程图（30 分）

判断一个整数是否为"水仙花数"。所谓"水仙花数"是指一个三位的整数，其各位数字的立方和等于该数本身。例如：153 是一个"水仙花数"，因为 $153 = 1^3 + 5^3 + 3^3$。

注意：用带有一个输入参数的函数（或方法）实现，返回值类型为布尔类型。

2. 试题解析

任务 1 题解请参考【例 3-11】。

任务 2 题解请参考【例 4-7】。

任务 3 题解请参考【例 6-4】。

C.2 试题编号：J1-2《帮你算系统》关键算法

1. 任务描述

随着网络的不断发展，我们每天接触的新鲜事物都在不断增加，处在这样一个信息量大爆炸的时代，我们的时间就尤为重要。为了帮人们解决时间不充裕的问题，处于创业的某公司准备开发一套"帮你算"系统，用来解决生活中那些简单、烦琐的数学问题。

任务 1：实现平均成绩计算功能的关键算法并绘制流程图（30 分）

已知某班有 30 个学生，学习 5 门课程，已知所有学生的各科成绩。请编写程序，分别计算每个学生的平均成绩，并输出。

注意：定义一个二维数组 A，用于存放 30 个学生的 5 门成绩。定义一个一维数组 B，用于存放每个学生的 5 门课程的平均成绩。

①使用二重循环，将每个学生的成绩输入到二维数组 A 中。

②使用二重循环，对已经存在于二维数组 A 中的值进行平均分计算，将结果保存到一维数组 B 中。

③使用循环输出一维数组 B（即平均分）的值。

任务 2：实现阶乘计算功能关键算法并绘制流程图（30 分）

输入一个整数 n，计算并输出它的阶乘。

注意：定义一个函数（或方法），用于求阶乘的值。在主函数（或主方法）中调用该递归函数（或方法），求出 5 的阶乘，并输出结果。

任务 3：实现前 n 项数列的和计算功能关键算法并绘制流程图（30 分）

有一分数序列 2/1，3/2，5/3，8/5，13/8，21/13…求出这个数列的前 20 项之和。

要求：利用循环计算该数列的和。注意分子分母的变化规律。

注意：

$a_1=2, b_1=1, c_1=a_1/b_1; a_2=a_1+b_1, b_2=a_1, c_2=a_2/b_2; a_3=a_2+b_2, b_3=a_2, c_3=a_3/b_3;$

…

$s = c_1+c_2+…+c_{20};$

s 即为分数序列 2/1，3/2，5/3，8/5，13/8，21/13…的前 20 项之和。

2. 试题解析

任务 1 题解请参考【例 6-3】。

任务 2 题解请参考【例 6-5】。

任务 3 题解请参考【例 4-3】。

C.3 试题编号：J1-3《网络选拔赛题库系统》关键算法

试题及其解析见 7.2.1。

C.4 试题编号：J1-4《图形体积计算系统》关键算法

1. 任务描述

图形在我们的生活中无处不在，我们的周围到处都是图形的缩影，例如，空调是长方形，水瓶瓶盖是圆形。这些图形的计算对于我们的土木工程师来说是非常重要的，所以某公司开发出一套图形面积计算系统，帮助那些工程师们更好地计算。

任务 1：实现计算体积关键算法并绘制流程图（30 分）

根据输入的半径值，计算球的体积。输入数据有多组，每组占一行，每行包括一个实数，表示球的半径。输出对应球的体积，对于每组输入数据，输出一行结果，计算结果保留三位小数。注：PI=3.1415927。

例如，输入 2，输出 33.510。

注意：使用公式完成。

任务 2：实现根据坐标求长度关键算法并绘制流程图（30 分）

输入两点坐标（x1,y1）和（x2,y2），计算并输出两点间的距离。输入数据有多组，每组占一行，由 4 个实数组成，分别表示 x1、y1、x2、y2，数据之间用空格隔开。

例如，输入 1 3 4 6，输出 4.24。

注意：结果保留两位小数。

任务 3：实现图形面积大小比较关键算法并绘制流程图（30 分）

按顺序输入正方形的边长（a），长方形的长（l）和宽（d），以及圆的半径（r），计算并比较它们哪个图形面积更大，输出面积最大的图形。

例如，输入 1 3 4 1，输出长方形。

2. 试题解析

任务 1 题解请参考【例 4-2】。

任务 2

（1）解题思路

计算两点之间距离的公式为：$\sqrt{(x_2 - x_1)^2 + (y_2 - y_1)^2}$。有多组输入数据，解题方法和任务 1 相同，保留两位小数的方法也同任务 1 中保留三位小数的方法类似。

（2）程序流程图

试题 J1-4 任务 2 的程序流程图如图 C-2 所示。

任务 3

（1）解题思路

输入正方形的边长（a），长方形的长（l）和宽（d），以及圆的半径（r），然后计算它们的面积。比较 3 个数（面积）并输出其中最大的。要有一定的逻辑思维能力，area1>area2 且 area1>area3 时，area1 是最大的，否则 area3 最大；若 area1<=area2 且 area2>area3 时，area2 最大的，否则 area3 最大。

（2）程序流程图

试题 J1-4 任务 3 的程序流程图如图 C-3 所示。

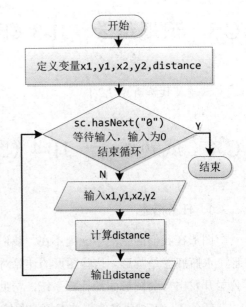

图 C-2　试题 J1-4 任务 2 的程序流程图

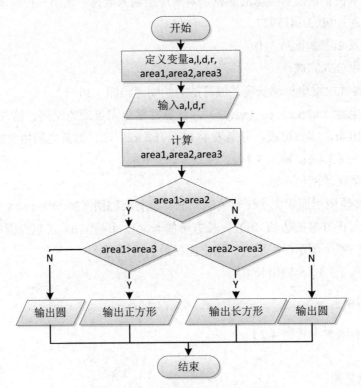

图 C-3　试题 J1-4 任务 3 的程序流程图

C.5 试题编号：J1-5《中国结图案打印系统》关键算法

1. 任务描述

中国结是中国特有的手工编织工艺品，它身上所显示的情致与智慧是中华古老文明的一个写照。它是由旧石器时代的缝衣打结，推展至汉朝的礼仪记事，再演变成今日的装饰手艺。在当代，中国结多用来装饰室内、馈赠亲友及当作个人的随身饰物。因其外观对称精致，符合中国传统装饰的习俗和审美观念，可以代表中国悠久的历史，故命名为中国结。现在 A 公司想要开发一个中国结图案打印系统，现在请你完成以下任务。

任务 1：实现主结长度关键算法并绘制流程图（30 分）

公司现在需要打印中国结的主结（位于中间，最大的那一个结），为了打印出漂亮新颖的主结，于是设计了打印主结的长度满足可以被 7 整除这个条件。现在公司需要统计某个范围内能被 7 整除的整数的个数，以及这些能被 7 整除的整数的和。

从键盘上输入一个整数 n，输出 1~n 之间能被 7 整除的整数的个数，以及这些能被 7 整除的整数的和。

任务 2：实现副结长度关键算法并绘制流程图（30 分）

公司设计的中国节还需要副结（主结周围的结），于是打算设计副结的长度满足是素数这个条件。现在公司需要统计出某个范围内哪些数是素数。

从键盘上输入一个整数 n，输出 1~n 之间的素数。

注意：用带有一个输入参数的函数（或方法）实现，返回值类型为布尔类型。

任务 3：实现打印中国结图案关键算法并绘制流程图（30 分）

由于中国结的形状是菱形图案，所以现在公司需要设计一个打印菱形的方法。从键盘输入一个整数 n，打印出有 n×2-1 行的菱形。

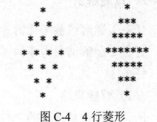

图 C-4 4 行菱形

例如，输入整数 4，则屏幕输出如图 C-4 所示的菱形。

现要求输入整数为 7，在屏幕中输出相应的菱形。

要求：用循环结构语句实现。

2. 试题解析

任务 1 题解请参考【例 4-5】。

任务 2 题解请参考【例 6-2】。

任务 3 题解请参考【例 4-11】。

C.6 试题编号：J1-6《智能统计系统》关键算法

1．任务描述

生活中在处理各个问题的时候离不开统计，例如，统计学生的个数，统计火车买票人数，统计今天是该年的第几天等。所以某团队开发出一套统计系统，用来进行各类统计。

任务 1：实现统计今天所在的月份有多少天关键算法并绘制流程图（30 分）

从键盘上输入一个年份值和一个月份值，输出该月的天数。说明：一年有 12 个月，大月的天数是 31，小月的天数是 30。2 月的天数比较特殊，遇到闰年是 29 天，否则为 28 天。例如，输入 2011、3，则输出 31 天。

注意：使用分支结构语句实现。

任务 2：实现统计纸片对折关键算法并绘制流程图（30 分）

假设一张足够大的纸，纸张的厚度为 0.5 毫米。请问对折多少次以后，可以达到珠穆朗玛峰的高度（最新数据：8844.43 米）。请编写程序输出对折次数。

注意：使用循环结构语句实现，直接输出结果不计分。

任务 3：实现统计同构数关键算法并绘制流程图（30 分）

编写程序输出 2~99 之间的同构数。同构数是指这个数为该数平方的尾数，例如，5 的平方为 25，6 的平方为 36，25 的平方为 625，则 5、6、25 都为同构数。

注意：调用带有一个输入参数的函数（或方法）实现，此函数（或方法）用于判断某个整数是否为同构数，输入参数为一个整型参数，返回值为布尔型（是否为同构数）。

2．试题解析

任务 1 题解请参考【例 6-9】。

任务 2 题解请参考【例 4-8】。

任务 3

（1）解题思路

所谓同构数是这样的一些数，它出现在其平方数的右边，例如，5 的平方为 25，5 出现在平方数的右边，所以 5 和 25 是同构数。因此，判断一个数是否和它的平方数为同构数的方法是：先计算出其平方值（square，如 5 的平方 25），再求出其平方的最高位数（m，如 20），然后用平方去模其最高位数（25%20=5），若余数等于该数，则该数和它的平方数为同构数。

（2）程序流程图

试题 J1-6 任务 3 的程序流程图如图 C-5 所示。

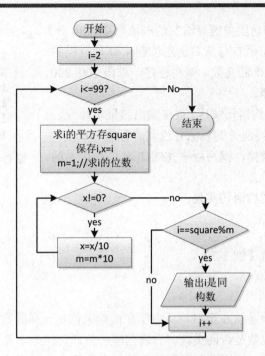

图 C-5 试题 J1-6 任务 3 的程序流程图

C.7 试题编号：J1-7《儿童智力游戏》关键算法

试题及其解析见 7.2.2。

C.8 试题编号：J1-8《商品销售系统》关键算法

1. 任务描述

随着网络和信息化的发展，电子商务越来越受到人们的欢迎。商品销售系统是电子商务中非常重要的业务支撑系统，它能够为企业和商家提供充足的信息和快捷的查询手段，能够让企业和商家了解自己的经营业绩和销售数据。现在需要完成以下任务来实现商品销售系统。

任务 1：实现打折功能关键算法并绘制流程图（30 分）

编写程序计算购买图书的总金额：用户输入图书的定价和购买图书的数量，并分别保存到一个 float 和一个 int 类型的变量中，然后根据用户输入的定价和购买图书的数量，计算购书的总金额并输出。图书销售策略为：正常情况下按 9 折出售，购书数量超过 10 本打 8.5 折，超过 100 本打 8 折。

要求：使用分支结构实现上述程序功能。

任务 2：实现查询功能关键算法并绘制流程图（30 分）

所谓回文数是从左至右与从右至左读起来都是一样的数字，如，121 就是一个回文数。编写程序，求出 100~200 范围内所有回文数的和。

要求：使用循环结构语句实现，直接输出结果不计分。

任务 3：实现图形界面关键算法并绘制流程图（30 分）

分析下列数据的规律，编写程序完成如图 C-6 所示的输出。

要求：使用循环结构语句实现。

```
1
1  1
1  2  1
1  3  3  1
1  4  6  4  1
1  5  10 10 5  1
```

图 C-6　试题 J1-8 任务 3 的输出结果示意图

2．试题解析

任务 1 题解请参考【例 3-7】。

任务 2

（1）解题思路

根据题意，回文数是从左至右与从右至左读起来都是一样的数字，如，121 是一个回文数。因此，判断三位数是否回文数，只需判断个位和百位数字是不是一样即可。可以使用表达式 i%10==i/100，条件成立即为回文数，当条件成立，则统计回文数的和，然后输出这个回文数。将 100~200 中的每一个数进行判断，遇到回文数则统计。循环结束，输出回文数的总和。

（2）程序流程图

试题 J1-8 任务 2 的程序流程图如图 C-7 所示。

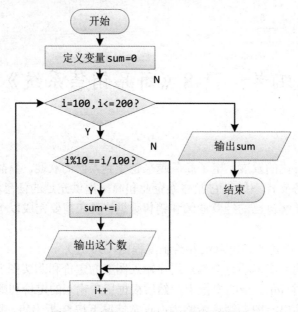

图 C-7　试题 J1-8 任务 2 的程序流程图

任务 3 题解请参考【例 5-10】。

C.9　试题编号：J1-9《图形体积计算系统》关键算法

1. 任务描述

幼儿教师是教师队伍中不可忽略的重要力量，她们主要以女性教育者为主，负责教育学龄前儿童也就是幼儿。幼儿教师主要对幼儿进行启蒙教育，帮助他们获得有益的学习经验，促进其身心全面和谐地发展。幼儿教师在教育过程中的角色决不仅仅是知识的传递者，而且是幼儿学习活动的支持者、合作者和引导者。本系统用于培养幼师与小朋友之间的游戏交互能力，可以帮助小朋友们健康成长。为实现该系统，需要完成以下任务。

任务 1：实现整除判断游戏功能关键算法并绘制流程图（30 分）

整除判断游戏能显著提高小朋友的逻辑思维能力，要求如下：

☑　能同时被 3、5、7 整除；

☑　能同时被 3、5 整除；

☑　能同时被 3、7 整除；

☑　能同时被 5、7 整除；

☑　只能被 3、5、7 中的一个整除；

☑　不能被 3、5、7 中的任一个整除。

输入一个整数，输出满足对应条件的结果。

要求：使用分支结构语句实现。

任务 2：实现冒泡游戏功能关键算法并绘制流程图（30 分）

原始数组：a[]={1,9,3,7,4,2,5,0,6,8}

排序后：a[]={0,1,2,3,4,5,6,7,8,9}

输出排序后的数组，每个数字之间空一个空格。

要求：综合使用分支、循环结构语句实现，直接输出结果不计分。

任务 3：实现数一数游戏关键算法并绘制流程图（30 分）

分别输入两个字符串 s1 和 s2，请问 s1 中包含多少个 s2，如果没有则输出 0。

要求：使用循环。

2. 试题解析

任务 1

（1）解题思路

本题考核逻辑运算符的综合应用。计算整数 n 能同时被 3、5、7 整除，需要将整除的条件用关系运算符&&连接，同理，能同时被 3、5/3、7/5、7 整除也使用相同方法。n 只能

被 3、5、7 其中一个数整除，使用表达式 n%3==0 && n%5!=0 && n%7!=0 表示只能被 3 整除，同理写出只能被 5、7 整除的表达式，然后使用||连接三个表达式。n 不能被 3、5、7 中的任一个整除，使用表达式 num%3!=0 && num%5!=0 && num%7!=0。

（2）程序流程图

试题 J1-9 任务 1 的程序流程图如图 C-8 所示。

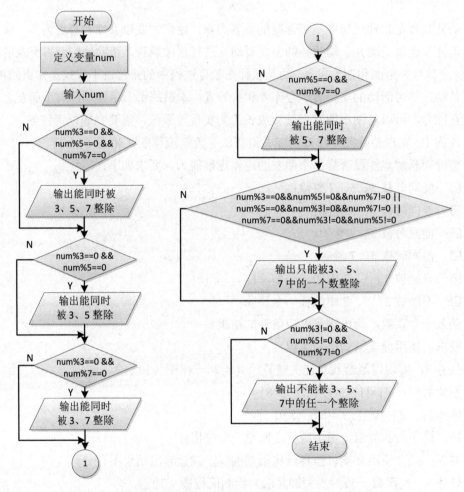

图 C-8　试题 J1-9 任务 1 的程序流程图

任务 2 题解请参考【例 5-6】。

任务 3

（1）解题思路

本题是求字符串子串出现的次数。此处使用字符串类的 indexOf()方法来实现，即 s1.indexOf(s2)的结果等于-1 时，匹配结束，否则，则获得匹配的首字符出现的位置，计数并截取剩下的子字符串，进行下一次的判断。直到剩下的字符串为空或者不包含匹配的字符串为止。

（2）程序流程图

试题 J1-9 任务 3 的程序流程图如图 C-9 所示。

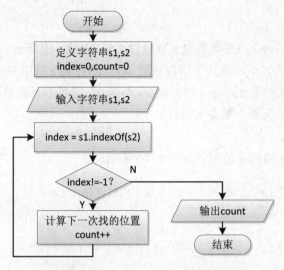

图 C-9　试题 J1-9 任务 3 的程序流程图

C.10　试题编号：J1-10《字符处理系统》关键算法

1. 任务描述

在印刷生产中，要求对打印或印刷的数字字符进行实时识别校验，如卡号和密码，然后把打印或印刷错误的字符串删除。目前检查字符串的主要方法是通过人工目视检查，存在效率低、准确度不高的问题，因此开发一套字符处理系统就显得尤为重要。目前实现字符处理系统还需要完成如下任务。

任务 1：实现求平均值功能关键算法并绘制流程图（30 分）

有一个长度为 n（n=100）的数列，该数列定义为从 2 开始的递增有序偶数（{2,4,6,...,200}），现在要求你按照顺序每 m 个数求出一个平均值，如果最后不足 m 个，则以实际数量求平均值。编程输出该平均值序列。

要求：m 为大于等于 3 的整数。

任务 2：实现最小值排头功能关键算法并绘制流程图（30 分）

输入 20 个不同的整数，找出其中最小的数，将它与第 1 个输入的数交换位置之后输出。

要求：用数组解决任务，在输入整数时各整数之间用空格分隔。

任务 3：实现统计字符数量功能关键算法并绘制流程图（30 分）

对于给定的一个字符串，统计其中数字字符出现的次数。

2．试题解析

任务 1

（1）解题思路

定义大小为 n（n=100）的整数数组 a 存放{2,4,6,…,200}，根据 m（大于等于 3 的整数）的值求出平均值序列的大小，定义平均值数组 avg，然后从 a 数组中每取 m 个整数求平均值，并依次存入到平均值数组 avg，如果 n%m 不为 0，则当遍历到最后一个整数时计算平均值，最后一次计算的元素个数是 n%m。

（2）程序流程图

试题 J1-10 任务 1 的程序流程图如图 C-10 所示。

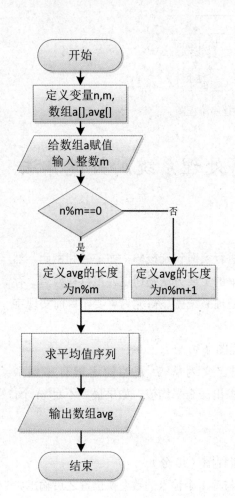
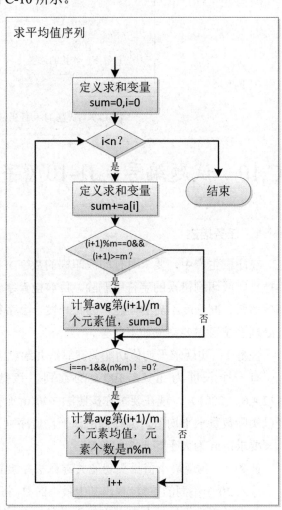

图 C-10　试题 J1-10 任务 1 的程序流程图

任务 2 题解请参考【例 5-4】。

任务 3

（1）解题思路

本题统计字符串中数字字符的个数。将输入的字符串转换成字符数组，然后判断字符数组各元素为数字的个数。判断是否为数字，可以使用表达式 chs[i]>='0' && chs[i]<=' 9'，也可以使用正则表达式 chs[i].matches([0-9]*)，关于正则表达式可百度资源自学了解。

（2）程序流程图

试题 J1-10 任务 3 的程序流程图如图 C-11 所示。

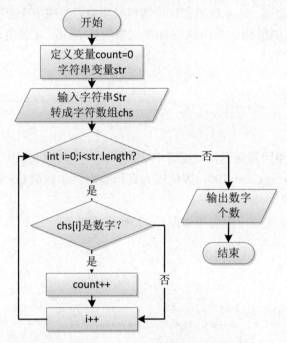

图 C-11　试题 J1-10 任务 3 的程序流程图

C.11　试题编号：J1-11《动物园管理系统》关键算法

1. 任务描述

动物园内饲养了大量不同种类的动物，因此对这些动物的生活场地的建设及食物投放的管理工作量非常大。现在×××动物园需要设计并实现一套动物园管理系统，以提高管理效率。请完成以下任务。

任务 1：实现饲养功能关键算法并绘制流程图（30 分）

动物园饲养的食肉动物分大型动物和小型动物两类，规定老虎、狮子一类的大动物每次每头喂肉 3 斤，狐狸、山猫一类小动物每 3 头喂 1 斤。该动物园共有这两类动物 100 头，每次需喂肉 100 斤，编程输出大、小动物的数量。

要求：用循环语句实现。

任务2：实现趣味动物问题关键算法并绘制流程图（30分）

动物园里新来了两只骆驼，那么你能计算出它们年龄的最小公倍数么？从键盘输入两个整数，输出这两个整数的最小公倍数。

要求：用循环语句实现。

任务3：实现人工湖关键算法并绘制流程图（30分）

现在，动物园想再新建一个三角形的人工湖，一是为了养鱼美观，二是可以循环水资源。从键盘输入三条边 a、b、c 的边长，请编程判断能否组成一个三角形。

要求：A，B，C 的值均小于 1000，如果三条边长 a、b、c 能组成三角形的话，输出 YES，否则输出 NO。

2．试题解析

任务1

（1）解题思路

本题为经典的鸡兔同笼问题，使用穷举法来解决。大动物 big 从 1 到 100 循环，去匹配表达式(big*3+(100-big)/3)==100，表达式为真则输出大动物数 big 和小动物数 100-big。

（2）程序流程图

试题 J1-11 任务 1 的程序流程图如图 C-12 所示。

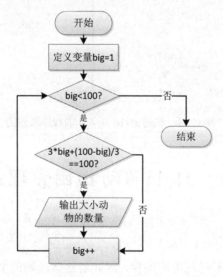

图 C-12　试题 J1-11 任务 1 的程序流程图

任务2

（1）解题思路

本题求两个数的最小公倍数。输入两个数 m、n，将较大者放在 m 中，然后循环地去计算 t=m%n;m=n;n=t;，直到 n==0，最终 min=min/m 即为最小公倍数。

（2）程序流程图

试题 J1-11 任务 2 的程序流程图如图 C-13 所示。

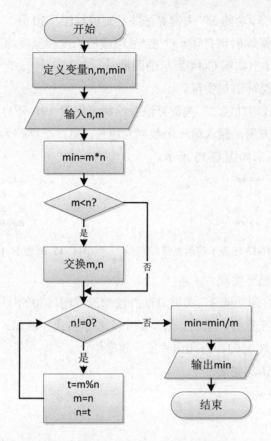

图 C-13 试题 J1-11 任务 2 的程序流程图

任务 3 题解请参考【例 3-10】。

C.12 试题编号：J1-12《手机号码查询系统》关键算法

试题及其解析见 7.2.3。

C.13 试题编号：J1-13《图形打印系统》关键算法

1. 任务描述

图形打印技术发展迅速，无论想打印什么图形，只要您输入合格的指令，立马就可以打印出来。A 公司也开发了一个图形打印系统，为了测试打印系统的性能，需要设计三个测试用例，请完成以下任务。

任务 1：实现"打印功能 1"关键算法并绘制流程图（30 分）

从键盘接收一个整数 n，请打印一个由*号组成的长度和宽度均为 n 的空心矩形。例如，输入 4，在屏幕上打印出如图 C-14 所示的图形。

注意：使用嵌套循环语句实现。

任务 2：实现"打印功能 2"关键算法并绘制流程图（30 分）

输出指定空心正方形。输入第一个数字为边长，第二个字符为组成图形边的字符。例如：输入 4 a。输出图形如图 C-15 所示。

```
****            aaaa
*  *            a  a
*  *            a  a
****            aaaa
```

图 C-14　试题 J1-13 任务 1 的示意图　　　　图 C-15　试题 J1-13 任务 2 的示意图

注意：使用嵌套循环实现。

任务 3：实现"打印功能 3"关键算法并绘制流程图（30 分）

从键盘输入一个正整数，输出该数字的中文表示格式。例如：键盘输入 123，打印出"一二三"；键盘输入 3103，打印出"三一零三"。

注意：使用判断语句完成。

2. 试题解析

任务 1

（1）解题思路

根据题意要求输出长度和宽度均为 n 的由*号组成的空心矩形，则第 1 行和最后 1 行均是 n 个*号，中间各行的最左侧和最右侧列输出*号，中间则输出空格。由双重循环实现本题的输出，外循环 i 从 0 到 n-1，控制输出的行，内循环 j 从 0 到 n-1，控制输出每一行中的符号，因为各行输出的内容不一样，所以需要进行判断，若 i=0 或 i=n-1，表示第 1 行或最后 1 行，输出 n 个*号，若 j=0 或 j=n-1，表示最左侧和最右侧列，输出*号，否则输出空格。

（2）程序流程图

试题 J1-13 任务 1 的流程图如图 C-16 所示。

任务 2

（1）解题思路

本题和任务 1 中的输出控制相同，只是可以控制输出的符号为任意一种输入的符号。

（2）程序流程图

试题 J1-13 任务 2 的程序流程图如图 C-17 所示。

任务 3 题解请参考【例 1-2】。

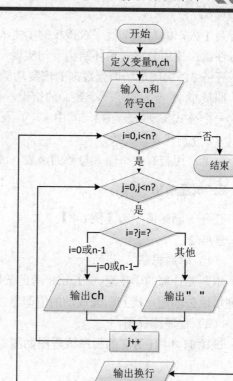

图 C-16 试题 J1-13 任务 1 的程序流程图　　　　图 C-17 试题 J1-13 任务 2 的程序流程图

C.14　试题编号：J1-14《市场分析系统》关键算法

1. 任务描述

在一个新的产品上市之前，需要做大量的市场调查，以确保产品能获得理想的收益。现在 A 公司要设计一款市场分析系统，需完成以下功能模块。

任务 1：实现销售分析功能关键算法并绘制流程图（30 分）

A 商店准备在今年夏天开始出售西瓜，西瓜的售价为：20 斤以上的每斤 0.85 元；重于 15 斤轻于等于 20 斤的，每斤 0.90 元；重于 10 斤轻于等于 15 斤的，每斤 0.95 元；重于 5 斤轻于等于 10 斤的，每斤 1.00 元；轻于或等于 5 斤的，每斤 1.05 元。现在为了知道商店是否会盈利，要求 A 公司帮忙设计一个程序，输入西瓜的重量和顾客所付钱数，输出应付货款和应找钱数。

注意：使用分支结构语句实现，结果保留两位小数。

任务 2：实现销售量分析功能关键算法并绘制流程图（30 分）

KJ 学院要为全校同学设计一套校服，A 公司有意招标为 A 学校设计服装，职员小 C 在 A 校排队时偷偷地看了一眼，发现 A 学校学生 5 人一行余 2 人，7 人一行余 3 人，3 人一行余 1 人，编写一个程序求该校的学生人数。

注意：使用分支、循环结构语句实现，直接输出结果不计分。

任务 3：实现市场调查数据的恢复功能关键算法并绘制流程图（30 分）

职员小 A 今天犯了一个致命的错误，他一不小心丢失了 X 项目的市场调查结果，只记得一个公式 xyz+yzz=532，其中 x、y、z 均为一位数，现在请你帮忙编写一个程序求出 x、y、z 分别代表什么数。

注意：用带有一个输入参数的函数（或方法）实现，返回值类型为布尔类型。

2．试题解析

任务 1 题解请参考【例 6-8】。

任务 2

（1）解题思路

本题要计算的学生总人数 total 满足条件：total%5=2，total%7=3，total%3=1。从 1 开始递增地去匹配，找到匹配成功的值即学生人数。

（2）程序流程图

试题 J1-14 任务 2 的程序流程图如图 C-18 所示。

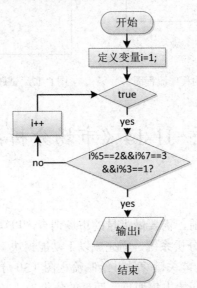

图 C-18　试题 J1-14 任务 2 的程序流程图

任务 3

（1）解题思路

根据题意要找到符合公式 xyz+yzz=532 的 x、y、z（x、y、z 均为一位数）。可使用三重循环：i、j、k 均从 0 到 9 循环地去构建 xyz+yzz，并判断它是否等于 532，若等于则找到了 x、y、z 并输出它们。

（2）程序流程图

试题 J1-14 任务 3 的程序流程图如图 C-19 所示。

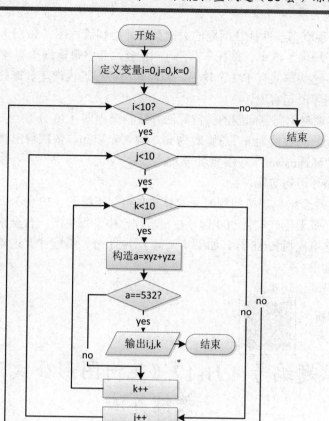

图 C-19 试题 J1-14 任务 3 的程序流程图

C.15 试题编号：J1-15《节庆活动管理系统》关键算法

试题及其解析见 7.2.4。

C.16 试题编号：J1-16《中学生数学辅助学习系统》关键算法

1. 任务描述

由于中学数学是培养数学思维的基础阶段，为了使学生打造一个坚实的数学基础，A 学校决定开发一个中学生数学辅助学习系统，通过完成趣味试题，采用游戏通关的方式，帮助中学生初步掌握用二元一次方程解简单应用题的方法和步骤，并会列出二元一次方程。

任务1：实现汽车与摩托在问题的关键算法并绘制流程图（30分）

在一个停车场内，汽车、摩托车共停了48辆，其中每辆汽车有4个轮子，每辆摩托车有3个轮子，这些车共有172个轮子，编程输出停车场内汽车和摩托车的数量。

注意：用循环语句实现。

任务2：实现鸡兔同笼问题的关键算法并绘制流程图（30分）

已知鸡和兔的总数量为n，总腿数为m。输入n和m，依次输出鸡和兔的数目，如果无解，则输出"No answer"（不要引号）。

注意：用循环语句实现。

任务3：实现合格电视机问题的关键算法并绘制流程图（30分）

某电视机厂每天生产电视500台，在质量评比中，每生产一台合格电视机记5分，每生产一台不合格电视机扣18分。如果4天得了9931分，编程计算这4天生产的合格电视机的台数，并输出。

注意：用循环语句实现。

2．试题解析

C.17 试题编号：J1-17《几何图形公式记忆系统》关键算法

1．任务描述

由于几何图形的公式繁多且不好记忆，为了让学生能快速并轻松地记住这些公式，A学校决定开发一个几何图形公式记忆系统，通过完成趣味试题，采用游戏通关的方式，帮助学生轻松记住几何图形的公式。请完成以下任务。

任务1：实现图形计算功能1的关键算法并绘制流程图（30分）

输入一个立方体的边长（a），计算这个立方体的体积。

注意：结果保留两位小数。

任务2：实现图形计算功能2的关键算法并绘制流程图（30分）

输入两个数，分别是圆柱体底圆的半径r和高h，请你编程求出该圆柱体的表面积。

注意：PI = 3.14，输出结果保留两位小数。

任务3：实现图形计算功能3的关键算法并绘制流程图（30分）

输入三个数，分别是三角形的三条边a、b、c，请你编程求出该三角形的面积。

注意：题目的输入数据合法。

2．试题解析

任务1题解请参考【例2-14】。

任务2题解请参考【例2-15】。

任务3题解请参考【例2-13】。

C.18 试题编号：J1-18《在线考试系统》关键算法

1. 任务描述

在线考试系统可以节约大量的纸张，也能大大减轻阅卷的工作量，越来越多的学校开始引进在线考试系统。题库是该系统的关键模块，题库中的每道题均需提供参考答案，请完成以下任务来充实在线考试系统的题库。

任务 1：实现细胞繁衍关键算法并绘制流程图（30 分）

有一种细胞，从诞生第二天开始就能每天分裂出一个新的细胞，新的细胞在第二天又开始繁衍。假设在第一天，有一个这样的细胞，请问，在第 n 天晚上，细胞的数量是多少？输入一个整数 n（0<n<20），请编程求解第 n 天该细胞的数量。

例如，输入 5，输出答案为 32。

注意：使用循环或者递归完成。

任务 2：实现超级楼梯关键算法并绘制流程图（30 分）

有一楼梯共 m 级，刚开始时你在第一级，若每次只能跨上一级或二级，要走上第 m 级，共有多少种走法？输入一个整数 m（1<=m<=40），表示楼梯的级数。例如：

上到第二层就有 2 种

第三层就 3 种

第四层就有 5 种

第五层就有 8 种

第六就有 13 种

......

注意：使用递归或循环实现。

任务 3：实现手机短号计算关键算法并绘制流程图（30 分）

大家都知道，手机号是一个 11 位长的数字串，同时作为学生，还可以申请加入校园网，如果加入成功，将另外拥有一个短号。假设所有的短号都是 6+手机号的后五位组成，比如，号码为 13512345678 的手机，对应的短号就是 645678。

现在，如果给你一个 11 位长的手机号码，你能找出对应的短号吗？

要求：输入一个手机号，输出对应的手机短号。

注意：使用递归实现或循环实现。

2. 试题解析

C.19 试题编号：J1-19《OJ 系统》题库关键算法

1. 任务描述

在线评判系统（Online Judge，OJ）指在线评判程序的正确性、时间效率与空间效率的评判系统。现需要为特定题目设计正确的算法以便扩充题库，请完成以下任务。

任务 1：实现问题一关键算法并绘制流程图（30 分）

编写一个程序，该程序读取一个字符串，然后输出读取的空格数目。

注意：输入字符串的长度不超过 30 个字符（含空格）。

任务 2：实现问题二关键算法并绘制流程图（30 分）

中国古代的《算经》记载了这样一个问题：公鸡 5 文钱 1 只，母鸡 3 文钱 1 只，小鸡 1 文钱 3 只，如果用 100 文钱买 100 只鸡，那么公鸡、母鸡和小鸡各应该买多少只呢？现在请你编程求出所有的解，每个解输出 3 个整数，打印在一行，用空格隔开，分别代表买的公鸡、母鸡和小鸡的数量。

注意：100 文钱要正好用完。请输出所有的解，每个解占一行。

任务 3：实现问题三关键算法并绘制流程图（30 分）

有一天，爱因斯坦给他的朋友出了一个题目：有一幢楼，其两层之间有一个很长的阶梯，一个人如果每步上 2 阶，最后剩 1 阶；如果每步上 3 阶，最后剩 2 阶；如果每步上 5 阶，最后剩 4 阶；如果每步上 6 阶，最后剩 5 阶；如果每步上 7 阶，最后刚好一阶也不剩。问这个阶梯至少有多少阶呢？

注意：请编程求出最小的一个答案并输出。

2. 试题解析

C.20 试题编号：J1-20《统计问题处理系统》关键算法

1. 任务描述

统计学是通过搜索、整理、分析、描述数据等手段，以达到推断所测对象的本质，甚至预测对象未来的一门综合性科学。其中用到了大量的数学及其他学科的专业知识，它的使用范围几乎覆盖了社会科学和自然科学的各个领域。某公司设计出一款统计问题处理系统，系统需要不断地进行样本"训练"，以完成复杂的统计功能。为实现该系统，请完成以下任务。

任务 1：实现统计问题 1 关键算法并绘制流程图（30 分）

输出数组第 k 大的数。

说明：首先输入一个整数 n，代表数组的长度，随后输入 n 个数，代表数组的元素，最后输入一个整数 k，你需要输出这 n 个数中第 k 大的数（0<k<=n）。

例如，输入：

5

5 3 1 2 4

3

输出：

这 5 个数中第 3 大的数：3

注意：使用数组完成。

任务 2：实现统计问题 2 关键算法并绘制流程图（30 分）

统计给定的 n 个数中，负数、零和正数的个数。对于每组输入数据，输出一行 a、b 和 c，分别表示给定的数据中负数、零和正数的个数。首先输入一个整数 n，代表需要统计的有 n 个数，然后输入 n 个数。

例如，输入：

5

1 2 3 0 -4

输出：

1 1 3

注意：使用数组和判断语句完成。

任务 3：实现统计问题 3 关键算法并绘制流程图（30 分）

幸运数是波兰数学家乌拉姆命名的，它采用与生成素数类似的"筛法"生成。首先从 1 开始写出自然数 1、2、3、4、5、6…1 就是第一个幸运数。我们从 2 这个数开始，把所有序号能被 2 整除的项删除，变为 1 _ 3 _ 5 _ 7 _ 9…把它们缩紧，重新记序，为 1、3、5、7、9…这时，3 为第 2 个幸运数。然后把所有能被 3 整除的序号位置的数删去。注意，是序号位置，不是那个数本身能否被 3 整除！删除的应该是 5、11、17…此时 7 为第 3 个幸运数。然后再删去序号位置能被 7 整除的数（19、39…），最后剩下的序列即为幸运数。

类似：1、3、7、9、13、15、21、25…

注意：请你根据幸运数的生成规则，编写程序打印 100 以内的幸运数。输出占一行，每个数字后面输出一个空格。

2. 试题解析

C.21 试题编号：J1-21《密码破解系统》关键算法

1. 任务描述

2. 试题解析

C.22 试题编号：J1-22《警务系统》关键算法

试题及其解析见 7.2.5。

C.23 试题编号：J1-23《"生活烦琐"计算系统》 关键算法

1. 任务描述

随着我国经济的发展、社会的进步，每天的交易额都在不断上升，所以在我们的生活中，各种计算问题不断显现出来，例如，税收、比赛评分等，数据多了难免会出现问题，所以开发出一套计算系统具有一定的意义。

任务 1：实现评分计算功能关键算法并绘制流程图（30 分）

编写一个应用程序，计算并输出一维数组（9.8，12，45，67，23，1.98，2.55，45）中的最大值、最小值和平均值。

任务 2：实现规律数字计算功能关键算法并绘制流程图（30 分）

计算算式 $1+2^1+2^2+2^3+\cdots+2^n$ 的值。

注意：n 由键盘输入，且 $2 \leqslant n \leqslant 10$。

任务 3：实现个人交税计算功能关键算法并绘制流程图（30 分）

我国的个人所得税草案规定，个税的起征点为 5000 元，共分成 7 级，税率情况如表 C-1 所示。从键盘上输入月工资，计算应交纳的个人所得税。

表 C-1 税率情况表

级 数	全月应纳税所得额	税率（%）
1	不超过 3000 元的（即 5000~8000）	3
2	超过 3000 元至 12000 元的部分	10
3	超过 12000 元至 25000 元的部分	20
4	超过 25000 元至 35000 元的部分	25
5	超过 35000 元至 55000 元的部分	30
6	超过 55000 元至 80000 元的部分	35
7	超过 80000 元部分	45

注意：超出部分按所在税的级数计算。如：一个人的月收入为 9000，应交个人所得税为 $3000 \times 0.03 + [(9000-3000)-5000] \times 0.1 = 190$

请在键盘上输入一个人的月收入，编程实现计算该公民所要交的税。例如：输入 9000，则输出"你要交的税为："190""。

2. 试题解析

C.24　试题编号：J1-24《软件协会纳新题库系统》关键算法

1. 任务描述

随着学院的不断发展与壮大，院校中各个协会的纳新人数也在不断地增长，然而协会的发展并不是人数越多越好，还要保证"质量"过关，所以，每个协会都有自己的测量标准，其中，软件协会的纳新就是做软件习题，所以软件协会就开发出了一套题库系统，用来从题库中抽取题目。

任务 1：实现最大出现次数统计的关键算法并绘制流程图（30 分）

编写一个程序，对用户输入的任意一组字符（如{3，1，4，7，2，1，1，2，2}），输出其中出现次数最多的字符，并显示其出现的次数。如果有多个字符出现次数均为最大且相等，则输出最先出现的那个字符和它出现的次数。例如，上面输入的字符集合中，"1"和"2"都出现了 3 次，均为最大出现次数，因为"1"先出现，则输出字符"1"和它出现的次数 3 次。

注意：使用分支、循环结构语句实现。

任务 2：实现求平方根关键算法并绘制流程图（30 分）

求 n 以内（不包括 n）同时能被 3 和 7 整除的所有自然数之和的平方根 s，然后将结果 s 输出。例如，若 n 为 1000 时，则 s=153.909064。

注意：

①使用循环语句结构实现。

②n 由键盘输入，且 100≤n≤10000。

任务 3：实现求两数之间关系的关键算法并绘制流程图（30 分）

输入整数 a，输出结果 s，其中 s 与 a 的关系是 s=a+aa+aaa+aaaa+a…a，最后为 a 个 a。例如，a=2 时，s=2+22=24。

注意：

①使用循环结构语句实现。

②a 由键盘输入，且 2≤a≤9。

2. 试题解析

C.25　试题编号：J1-25《网上训练平台》关键算法

1. 任务描述

某学校软件技术专业的老师为训练学生编程逻辑和编程思维，决定开发一个网上训练平台，供学生课后进行编程训练。学生可以使用系统提交程序并由系统对程序的正确性进行判定。为实现该系统，需要提供大量的练习题及对应的程序。请完成以下任务。

任务 1：实现小球反弹问题关键算法并绘制流程图（30 分）

一个球从 100 米高度自由落下，每次落地后反弹回原高度的一半，再落下，再反弹。求它在第十次落地时，共经过多少米?第十次反弹多高?

注意：使用循环结构语句实现。

任务 2：实现停电停多久问题关键算法并绘制流程图（30 分）

Lee 的老家住在工业区，日耗电量非常大。

今年 7 月，为了控制用电量政府要在 7、8 月对该区进行拉闸限电。政府决定从 7 月 1 日起停电，然后隔一天到 7 月 3 日再停电，再隔两天到 7 月 6 日停电，依次下去，每次都比上一次长一天。Lee 想知道自己到底要经历多少天倒霉的停电。请编写程序帮他算一算。

注意：从键盘输入放假日期和开学日期，日期限定在 7、8 月份，且开学日期大于放假日期，然后在屏幕上输出停电天数。

提示：可以用数组标记停电的日期。

任务 3：实现筛选奇数问题关键算法并绘制流程图（30 分）

编写程序实现：从键盘输入正整数 s，从低位开始取出 s 中的奇数位上的数，依次构成一个新数 t，高位仍放在高位，低位仍放在低位，最后在屏幕上输出 t。例如，当 s 中的数为 7654321 时，t 中的数为 7531。

注意：使用循环结构语句实现。

2. 试题解析

C.26 试题编号：J1-26《成绩分析系统》关键算法

1. 任务描述

对学生的成绩进行统计和数据分析，可以发现学生对知识的掌握情况，以便教师根据分析的结果调整教学内容和重点难点，现在需要完成以下任务来实现成绩分析系统。

任务 1：实现成绩等级划分功能关键算法并绘制流程图（30 分）

输入一个百分制的成绩 t，将其转换成对应的等级然后输出。具体转换规则如下：

90~100 为优秀

80~89 为良好

70~79 为中等

60~69 为及格

0~59 为不及格

要求：如果输入数据不在 0~100 范围内，请输出"Score is error!"。

任务 2：实现数列求和功能关键算法并绘制流程图（30 分）

数列的定义为：数列的第一项为 n，以后各项为前一项的平方根，输出数列的前 m 项的和。

要求：数列的各项均为正数。

任务 3：求前 n 项之和功能关键算法并绘制流程图（30 分）

多项式的描述为 1-1/2+1/3-1/4+1/5-1/6+…，现在要求出该多项式的前 n 项的和。

要求：结果保留两位小数。

2．试题解析

C.27　试题编号：J1-27《酒水销售系统》关键算法

1．任务描述

互联网的发展极大地促进了全球经济贸易的发展，同时也正在改变人们的消费方式。某酒厂打算开发一个酒水销售系统，以便在网上进行产品销售、利润统计及经营分析。为实现该系统，请完成以下任务。

任务 1：实现"酒水销售 1"关键算法并绘制流程图（30 分）

啤酒每罐 2.3 元，饮料每罐 1.9 元。小明买了若干啤酒和饮料，一共花了 82.3 元。我们还知道他买的啤酒比饮料的数量少，请你编程计算他买了几罐啤酒。

注意：使用循环结构实现。

任务 2：实现"酒水销售 2"关键算法并绘制流程图（30 分）

本月酒水的销售为 2!+4!+5! 的值。n! 表示 n 的阶乘，例如，3!=3×2×1=6，5!=5×4×3×2×1=120。求这个值。

注意：分别利用递归和非递归方法实现求 n!。

任务 3：实现"酒水销售 3"关键算法并绘制流程图（30 分）

酒水厂商临时打算为系统增加新功能，根据特定算法生成特定的字符 Logo。把 abcD…s 共 19 个字母组成的序列重复拼接 106 次，得到长度为 2014 的串。

接下来删除第一个字母（即开头的字母 a），以及第三个、第五个等所有奇数位置的字母。得到的新串再进行删除奇数位置字母的动作。如此下去，最后只剩下一个字母，请编程求解该字母。

注意：使用循环或者递归实现，只需打印最后剩下的那个字母。

2．试题解析

C.28　试题编号：J1-28《中学生数学辅助学习系统》关键算法

1. 任务描述

由于中学数学是培养数学思维的基础阶段，为了使学生打造一个坚实的数学基础，A 学校决定开发一个中学生数学辅助学习系统，通过完成趣味试题，采用游戏通关的方式，帮助中学生初步掌握用二元一次方程解简单应用题的方法和步骤，并会列出二元一次方程。

任务 1：实现汽车与摩托车问题的关键算法并绘制流程图（30 分）

在一个停车场内，汽车、摩托车共停了 48 辆，其中每辆汽车有 4 个轮子，每辆摩托车有 3 个轮子，这些车共有 172 个轮子，编程输出停车场内汽车和摩托车的数量。

注意：用循环语句实现。

任务 2：实现运送暖瓶问题的关键算法并绘制流程图（30 分）

某运输队为超市运送暖瓶 500 箱，每箱装有 6 个暖瓶。已知每 10 个暖瓶的运费为 5 元，损坏一个不但不给运费还要赔 10 元，运后结算时，运输队共得 1332 元的运费。编程输出损坏暖瓶的个数。

注意：用循环语句实现。

任务 3：实现合格电视机问题的关键算法并绘制流程图（30 分）

某电视机厂每天生产电视 500 台，在质量评比中，每生产一台合格电视机记 5 分，每生产一台不合格电视机扣 18 分。如果四天得了 9931 分，编程计算这四天生产的合格电视机的台数，并输出。

注意：用循环语句实现。

2. 试题解析

C.29　试题编号：J1-29《歌手大赛系统》关键算法

试题及其解析见 7.2.6。

C.30　试题编号：J1-30《英语辅导系统》关键算法

1. 任务描述

随着国际化的到来，英语在我们生活中就显得比较重要了，特别是学习编程语言的我们。因此，B 公司决定开发一套英语辅助学习系统，通过完成趣味试题，采用游戏通关的方式，帮助有需要的人更好地学习英语。

任务 1：实现"趣味英语试题 1"关键算法并绘制流程图（30 分）

已知字符串数组 A，包含初始数据 a1,a2,a3,a4,a5；字符串数组 B，包含初始数据 b1,b2,b3,b4,b5。编写程序将数组 A 和 B 的每一组对应数据项相连接，然后存入字符串数组 C，并输出数组 C。输出结果为 a1b1,a2b2,a3b3,a4b4,a5b5。

例如：数组 A 的值为{"Hello","Hello","Hello","Hello","Hello"}，数组 B 的值为{"Jack","Tom","Lee","John","Alisa"}，则输出结果为{"Hello Jack","Hello Tom","Hello Lee","Hello John","Hello Alisa"}。

注意：定义两个字符串数组 A、B，用于存储读取数据。定义数组 C，用于输出结果。

①使用循环将数组 A、B 的对应项相连接，结果存入数组 C。

②使用循环将数组 C 中的值输出。

任务 2：实现"趣味英语试题 2"关键算法并绘制流程图（30 分）

判断一个字符串是否是对称字符串。例如："abc"不是对称字符串，"aba"、"abba"、"aaa"、"mnanm"是对称字符串。是的话输出 Yes，否则输出 No。

注意：使用循环和判断语句实现。

任务 3：实现"趣味英语试题 3"关键算法并绘制流程图（30 分）

编写一个程序实现统计一串字符串中的英文小写字母的个数。例如：输入 axZvnNgOuyi，得到的值是 8。

注意：使用分支语句实现，且有输入和输出，直接输出不计分。

2．试题解析

参 考 文 献

1. [美]凯 S. 霍斯特曼（Cay S.Horstmann）. Java 核心技术（卷 I）：基础知识[M]（10 版）. 周立新，陈波，等译. 北京：机械工业出版社，2016.

2. [美]托尼·加迪斯（Tony Gaddis）. 程序设计基础[M]（3 版）. 王立柱，译. 北京：机械工业出版社，2018.

3. [美]Bruce Eckel. Java 编程思想[M]（4 版）. 陈昊鹏，译. 北京：机械工业出版社，2007.

4. 谭浩强. C 程序设计第五版[M]. 北京：清华大学出版社，2017.

5. 刘汝佳. 算法竞赛入门经典[M]（2 版）. 北京：清华大学出版社，2014.